台科大
since 1997

寓教於樂

科學思路

THIS IS NOT ROCKET SCIENCE.

從遊戲中培養科學思維與科學素養：含科學思路桌遊包

國立臺灣師範大學 張欣怡・劉玹伶・林君耀・陳馬克・王家琛・陳文輝 編著

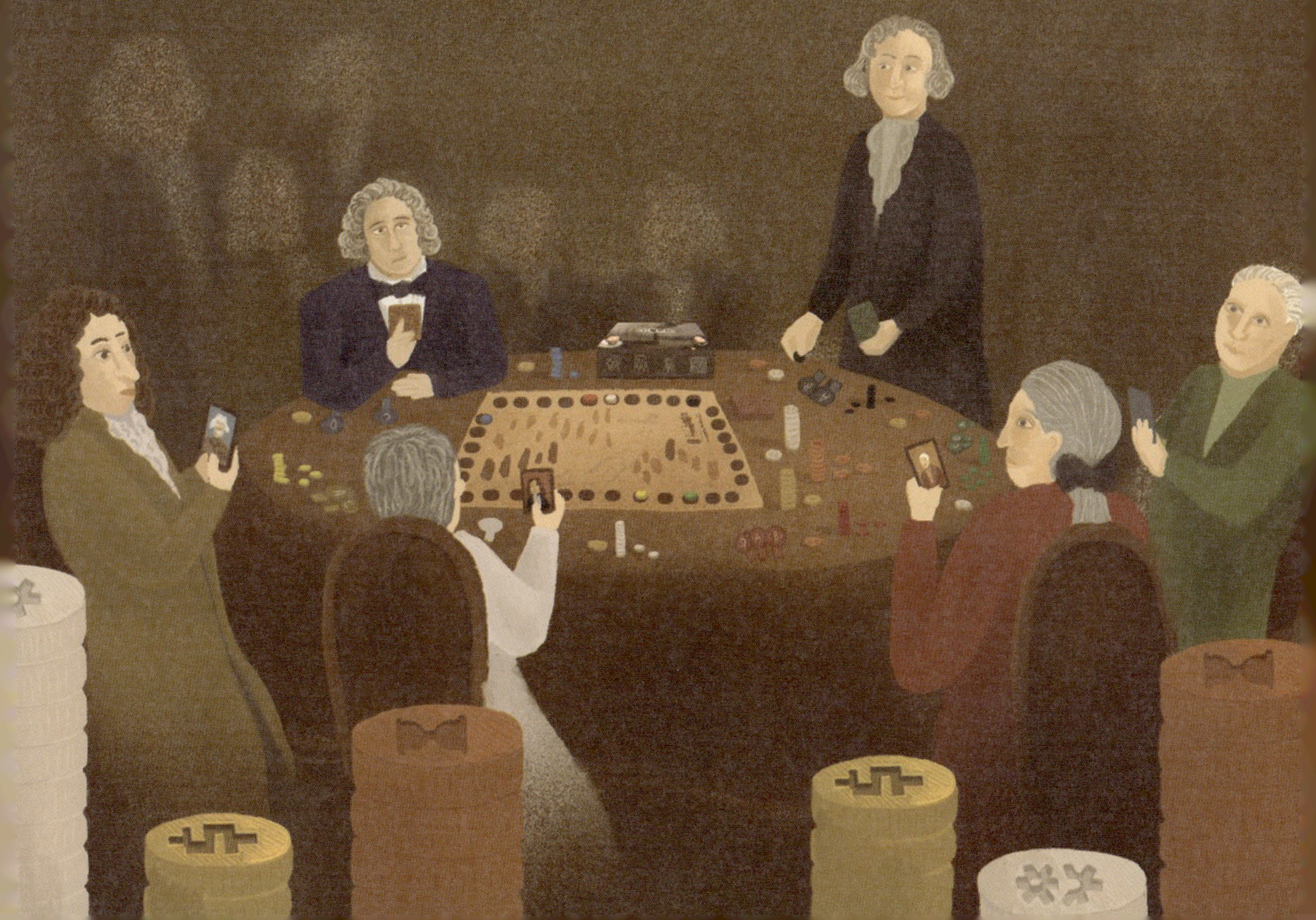

推薦序 Foreword

欣聞本學程老師和同學研發「科學思路」桌遊以及所搭配的書籍和手機應用程式，我給予最大的支持與鼓勵。研發以理論與證據為基礎、能加深與拓展學習經驗的教材與活動，一直是我們學習資訊專業學院的職志。

「科學思路」這套教材應用了遊戲式學習、情境式學習以及科技促進學習等理論與觀點，透過遊戲引領學習者認識重要的科學家與日常生活科學知識、並沉浸在科學情境的遊戲與競賽，希望能夠提供學習者更多元的學習經驗，讓學生瞭解到科學的發展與日常生活的關係，進而明白科學其實就是以促進人類與地球福祉、解決日常生活問題為目標，而學習科學除了建立個人基本的科學概念之外，也應著重在培養己身的科學思維以及應用科學方法解決問題的能力；若對學習科學有著這樣的態度與想法，也就是具備了所謂的高層次學習信念。

此外，「科學思路——從遊戲中培養科學思維與科學素養」這本書則是更進一步闡述了我國新課綱中所強調的科學素養與「科學思路」桌遊以及相關活動的關係，並提供了幾個很有趣的、能促進科學素養的活動，值得參考。

「快樂學習」、「寓教於樂」可能是上一個世紀末我們最常聽到的教育口號。現在進入 21 世紀的五分之一了，這個口號仍然重要，世界各國的教育工作者無不嘗試開發與融入更創新、更多元的學習活動，以拓展學生的學習經驗、培養未來公民的無限可能。

累積多年的教育研究已經讓我們知道，有效的、深度的學習其實不一定都是快樂的，學習也會遭遇問題、也有百思不得其解的時候，但是如果學習者雖然遭遇了學習挫折，卻仍樂此不疲、投入於學習的話，我們的教育就成功了。

這就回歸到學習的本質，其實是基於好奇心，引發了好奇心、再逐漸長大，就變成了學習興趣，經由滿足好奇心而得到的內在成就感，就是內在學習動機的基礎。

透過這樣的學習經驗與過程，也會養成良好的學習態度與信念。我相信「科學思路」書籍與桌遊的誕生，可以激起學生學習科學的好奇心，而好奇心是學習科學不可或缺的一個要素。因此，在此不吝向各位推薦之。

蔡今中
教育部終生榮譽國家講座教授
國立臺灣師範大學學習科學學士學位學程主任
國立臺灣師範大學學習科學跨國頂尖研究中心主任

序 Preface

　　科學不一樣。

　　這其實是我在臺師大任教的一門通識課的名稱。偶爾會和一些老師和同學聊天，不少老師感到通識不好教，這可能源自於一些本質上的衝突，包括學術研究與通識教育本質的不同，像是：如何轉化學術理論與發現變成趣味生動的可用知識，是一種挑戰；也可能源自於學生對於通識課程的自我期待與要求和老師的有所不同。不過也因為這樣的衝突與困難，促使我用上了過去擔任中學科學老師與從小到大學習科學的經驗，以及後來在科學教育研究所的碩士、博士及博士後研究所受的訓練，促成了這本書的誕生。

　　其中，最困難的是要如何引起學生的興趣，去瞭解科學這個領域目前已經有的進展與發現，尤其是科學在過去幾個世紀中可是累積了許多的智慧結晶！在苦思多日之後，找了幾個有創意的年輕人，開始進行《科學思路》桌遊的開發。《科學思路》桌遊定調在藉由卡牌與遊戲流程，讓參與者接觸與認識重要的科學理論和提出這些理論的科學家。

　　而這本書更延伸了《科學思路》桌遊，再提供二十個系列遊戲與活動，並連結目前新課綱中所強調的核心素養，落實在科學教育領域，則是指自然科領域所希望培養的科學素養。另外，也在各方的建議下，開發《科學思路》桌遊搭配 APP 應用程式的兩種版本：科普版與初階版。因此，這套書籍和所搭配的桌遊，不僅適合科普活動的進行，也非常適合在國民教育階段實施，從小就培養學生的公民科學素養！

　　這本書的第一篇，詳細介紹了《科學思路》桌遊的遊戲方式與規則，透過圖片與文字搭配的方式，希望能提供讀者完整與容易閱讀的遊戲說明與規則，其中也詳細列出桌遊中的所有配件以及所搭配的 APP 介面與功能。第二篇則探討本書所提供的單元活動與桌遊和科學素養的關係，首先介紹科學素養的內涵與定義、再討論到新課綱中自然科領域核心素養與科學素養的關係，最後詳列本書的單元活動能促進的核心素養與科學素養。本書的第三篇到第五篇，即是依據核心素養三大面向進行編排，各提供了數個可以促進該核心素養的單元活動。

本書其中的七個活動，是利用《科學思路》桌遊中的某些道具卡牌可以進行的延伸活動，希望參與者能經由這些活動，引起他們對於科學家與其理論的認識與興趣，從科學家的為人知或不為人知的小故事中體會科學的樣貌，跟著科學家的小故事練習科學的思考方式，了解進行科學活動的關鍵能力與態度，這些能力與態度，加上基本的科學知識的應用，就是所謂的科學素養。

　　其他的活動則再延伸到含括可以促進科學素養的單元活動，像是聚焦在一般人對於科學界常見的迷思或沒有思考過的一些面向，主要是希望引導活動參與者反思與瞭解，科學社群不是一群科學怪人所參與的工作，它是現代社會的日常，歡迎來自不同領域、擁有不同專長的人參與與投入；另外也提供了兩種架構，幫助活動參與者培養科學思維與說話的方式，其中一種叫做科學論證，另一種叫做社會性科學議題推理，並舉例這些架構其實在日常生活中就可以常常應用；此外，本書亦提供了科學素養評量的例題與作法以及相關的資源，希望能稍稍解答對於科學素養評量的諸多疑問，並促進相關的討論與進展。

　　此教材及所搭配的桌遊之完成與出版，要感謝國立臺灣師範大學學習科學跨國頂尖研究中心、研發處、學習資訊專業學院以及學習科學學士學位學程等單位行政人員與師長的支持，其中要特別感謝蔡今中主任／院長／國家講座教授的勉勵，是他的專業、創新與活力，影響了他所帶領的單位師生，更培養出了優秀具創意的學生，本款桌遊的共同創作者君耀和馬克，就是我們學習科學學程的大學生。另外，也要感謝邱國力教授、蕭佑珊老師、張心盈老師、黃昭仁老師、林均翰老師和蔡姿婷老師，對於融合數位科技於《科學思路》桌遊與題庫的建議與審查，以及研究助理吳安榆和張瀞予小姐的細心溝通與稿件核對。當然也要感謝本套書籍、桌遊與應用程式的共同創作團隊，包括劉玹伶、林君耀、陳馬克、王家琛和陳文輝。最後，感謝台科大圖書范總經理及其領導之團隊提供的支持與協助。

　　總結來說，這本書與這套桌遊，集結了一系列的活動，適合老師或家長帶學生或孩子進行，不管是從高年級的小學生、到中學、大學生，甚或一般公民，希望都可以從中認識科學並喜歡科學。

　　準備好了嗎？其實科學非常的多樣，會不會跟您想像的不一樣呢？

張欣怡　謹誌於國立臺灣師範大學

目錄 Contents

01 科學思路桌遊介紹　　1

02

科學素養簡介　　27
單元1　科學素養評量　　36
單元2　常見的科學素養評量主題　　40
單元3　科學探究與科學素養　　44
單元4　設計科學探究闖關活動　　50
單元5　科學探究型 YouTuber　　54

03 核心素養──自主行動篇 57

單元1	日常生活的科學對話	58
單元2	加入科學名人堂	63
單元3	如果電話亭	64
單元4	科學論述的演進	66
單元5	科學知識王	68

04 核心素養──溝通互動篇 71

單元1	畫科學家	72
單元2	比手畫腳	74
單元3	科學知識大PK	75
單元4	誰是科學家？	77
單元5	科學家的歷史定位	80

05 核心素養──社會參與篇 83

單元1	小組合作對抗他人	84
單元2	社會性科學議題推理	86
單元3	社會性科學議題推理評量	94
單元4	以科學論證法分析新聞議題	99
單元5	複製寵物？	102

第 1 篇 科學思路桌遊介紹

文／圖 林君耀、陳馬克、劉玹伶、王家琛

《科學思路》桌遊是一款大人、小孩都可以進行的科普遊戲，內容包括本書及所附的桌遊包配件，以及一個專屬的應用程式APP，以下進行遊戲內容概述及各項道具的使用說明。

遊戲概述及配件

在《科學思路》桌遊中，玩家將代表各個國家的研究院，聘僱科學家，運用手中的工具、時間、金錢進行研究，在研究的過程中需答對問題才能獲得分數，遊戲結束時結算分數，分數最高者即為本遊戲的贏家。桌遊所附的遊戲配件如圖所示。

1 研究圖板 ×1

2 科學家卡 ×30

3 研究卡 ×30

第 1 篇 科學思路桌遊介紹

❹ 遊戲規則說明書 ×1

科學思路
THIS IS NOT ROCKET SCIENCE.

運用手中的資源進行研究，
答對研究問題獲得分數！

◆ 遊戲背景 ◆

從出生至死亡那一刻，人類未曾停止對這個世界感到好奇，甚至可以說，人類正是因好奇而存在的。而世間正有著這麼一群人，站在前人的肩膀上，在科學的汪洋中摸索著真理；在思想的浪潮裡尋見著生命的意義。

為了協助他們完成志業，從17世紀起各國政府開始建立屬於他們的地方—研究院，至此之後，各國家的研究院彼此競爭著、也合作著，為了明瞭萬物運行的規則而努力著。

◆ 遊戲配件 ◆

1. 1份遊戲規則說明書
2. 1個研究圖板
3. 5組/15個研究院圓牌
4. 1組/30個黑色圓牌
5. 20個答案牌卡
6. 30張科學家卡
7. 30張研究卡
8. 6張事件卡
9. 3組/15個資源圓牌（工具、時間、金錢）
10. 30張備用研究卡
11. 1張備用遊戲規則說明卡

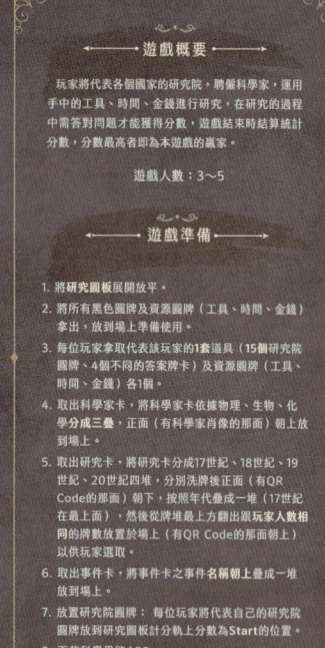

◆ 遊戲概要 ◆

玩家將代表各個國家的研究院，聘僱科學家，運用手中的工具、時間、金錢進行研究，在研究的過程中需答對問題才能獲得分數，遊戲結束時結算統計分數，分數最高者即為本遊戲的贏家。

遊戲人數：3～5

◆ 遊戲準備 ◆

1. 將研究圖板展開放平。
2. 將所有黑色圓牌及資源圓牌（工具、時間、金錢）拿出，放到場上準備使用。
3. 每位玩家取代表該玩家的1套道具（15個研究院圓牌、4個不同的答案牌卡）及資源圓牌（工具、時間、金錢）各1組。
4. 取出科學家卡，將科學家卡依據物理、生物、化學分成三疊，正面（有科學家肖像的那面）朝上放到桌上。
5. 取出研究卡，將研究卡分成17世紀、18世紀、19世紀、20世紀四疊，分別洗牌後正面（有QR Code的那面）朝下，按照年代疊成一堆（17世紀在最上面），然後從牌堆上方翻出跟玩家人數相同的牌數放置於場上（有QR Code的那面朝上）以供玩家取用。
6. 取出事件卡，將事件卡之事件卡稱朝上疊成一堆放到場上。
7. 放置研究院圓牌：每位玩家將代表自己的研究院圓牌放到研究圖板計分軌上分數為Start的位置。
8. 下載科學思路APP。
9. 由研究經驗最少或年紀最小的人成為起始玩家。

◆ 遊戲流程 ◆

1. 聘用科學家
由起始玩家開始，每位玩家輪流選擇是否花費1金錢聘用科學家（每位科學家的聘用費皆為1金錢），每人一次最多只能聘用一位科學家（科學家卡片內之可能進行研究卡所問的答案）。聘用科學家時，玩家可以從所有科學家卡中自由挑選喜愛的科學家。

2. 進行研究：由起始玩家開始，玩家輪流從場上挑選研究卡並進行以下的研究行動
(1) 選擇是否向場上研究卡並支付研究需要的資源圓牌（每人一次最多只能拿取一張，拿取後即時補充一張研究卡至場上。若無法支付資源圓牌，則不能拿取研究卡，並換下一位玩家進行。）
(2) 拿取研究卡後，開啟科學思路APP並掃描研究卡上的QR Code，並由進行研究的玩家將題目和選項唸過一遍。
(3) 按下APP的倒數按鈕，倒數時間結束時，所有玩家利用答案牌卡，顯示自己認為的答案。
(4) 按下APP的解答按鈕，與正確答案相同的玩家可依研究卡所示進行加分（在記分軌上移動代表玩家的研究院圓牌至加分後之位置）。若是研究者（拿取研究卡之玩家）答對則獲得的分數加倍並額外獲得一個任意資源圓牌（工具、時間、金錢），答錯者則不加分亦無法獲得額外的資源圓牌（工具、時間、金錢）。
(5) 若研究者答對題目則可將代表自己的研究院圓牌放到研究圖板上該研究的位置。若研究者答錯則放置黑色圓牌。
(6) 已討論過的研究卡將棄置一旁不再放回牌堆。
(7) 若APP提示翻開事件卡，則觸發對應的事件卡並依指示進行動作。

科學思路
THIS IS NOT ROCKET SCIENCE.

3. 領取資源
待所有玩家進行研究行動完畢，在下一輪開始之前，每位玩家可拿取任意兩個資源圓牌（可以是相同的資源圓牌）。

4. 重複上述遊戲流程直至遊戲結束

遊戲結束
當最後一張事件卡被觸發時，遊戲即進行至該輪結束。結束後，計算分數並產生贏家。

遊戲計分
1. 計算大家在分數軌上的分數。
2. 各領域完成最多研究的前兩名玩家可額外獲得分數，第1名加3分、第2名加1分。
3. 擁有最多科學家卡的前三名玩家可額外獲得分數，第1名加6分、第2名加3分、第3名加1分。
4. 在研究圖板上放置最多小圓片的前三名玩家可額外獲得分數，第1名加6分、第2名加3分、第3名加1分。

獨門祕技
科學家卡的編號和研究卡的編號是相對應的，研究卡的作答線索可能可以在相對應的科學家卡內找到。

⑤ 答案牌卡 ×20

⑥ 研究院圓牌 5 組 ×15、黑色圓牌 1 組 ×30

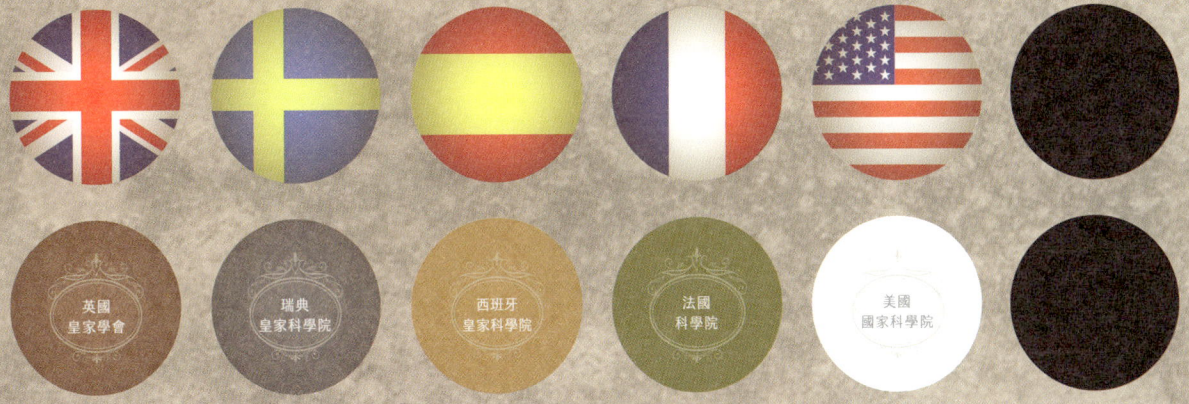

⑦ 資源圓牌 3 組 ×15（時間、工具、金錢）

⑧ 事件卡 ×6

工業革命
1760~1830
每位玩家獲得一個工具

西班牙流感
1918~1920
每位玩家棄掉手上的
一個資源與一個科學家

經濟大恐慌
1929~1933
每個玩家損失2金錢獲得1時間

法國大革命
1789~1799
每位玩家棄掉手上的一個科學家

啟蒙運動
1650~1820
每個玩家獲得一位科學家

小冰期
1550~1830
每位玩家棄掉手上的一個資源

⑨ 備用研究卡 ×30

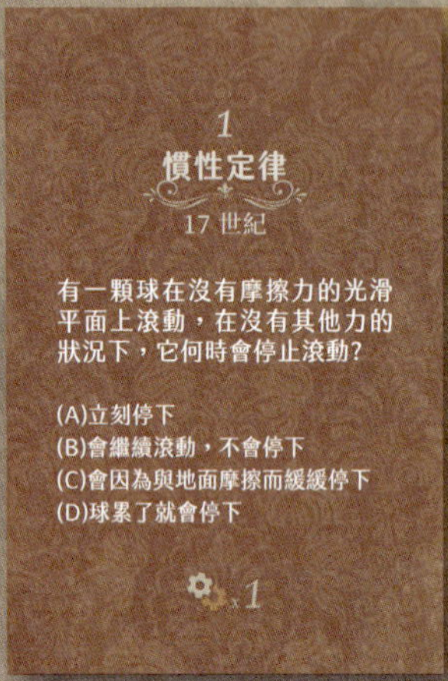

1
慣性定律
17 世紀

有一顆球在沒有摩擦力的光滑平面上滾動，在沒有其他力的狀況下，它何時會停止滾動？

(A)立刻停下
(B)會繼續滾動，不會停下
(C)會因為與地面摩擦而緩緩停下
(D)球累了就會停下

⚙ 1

7
電量與測量
18 世紀

下列何者可能是研究電學的科學家所關心的問題？

(A)影響兩電荷間吸引力大小的因素
(B)閃電在占卜中代表的符號
(C)觸電後的人內心變化與感受
(D)如何制定電費的合理價格

⚙ 1　⏳ 1

9
發現電阻
19 世紀

電阻定律是透過科學的方法得以發現，下列哪個是科學的方法：

(A)立法院制定法律
(B)由神明托夢指示
(C)與電力公司討價還價
(D)分析實驗數據並嘗試找到數據間的關係

⚙ 1　⏳ 1

29
多元分子之光譜及其結構
20 世紀

關於吳大猷和分子振動的敘述下列何者正確？

(A)吳大猷曾經獲得諾貝爾獎
(B)吳大猷是一位經濟學家
(C)分子的振動是無法被測量的
(D)常見的分子振動有伸展、剪式運動、搖擺、扭轉等

⚙ 1

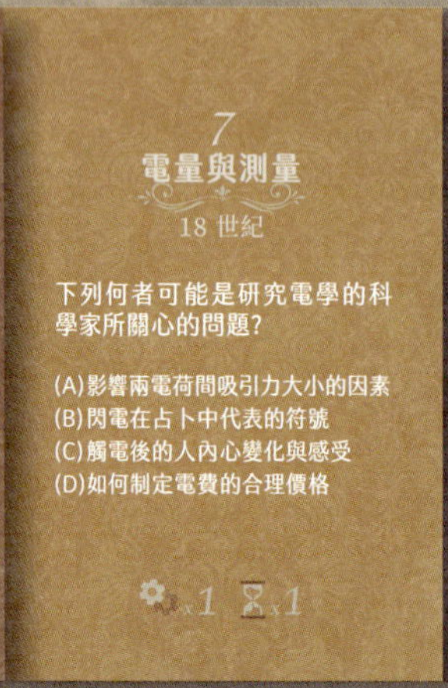

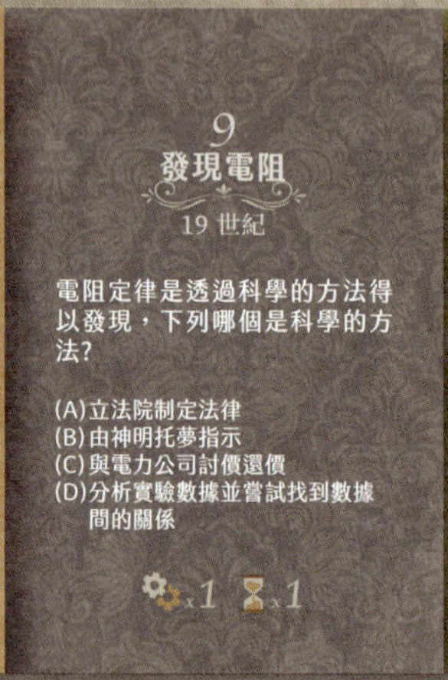

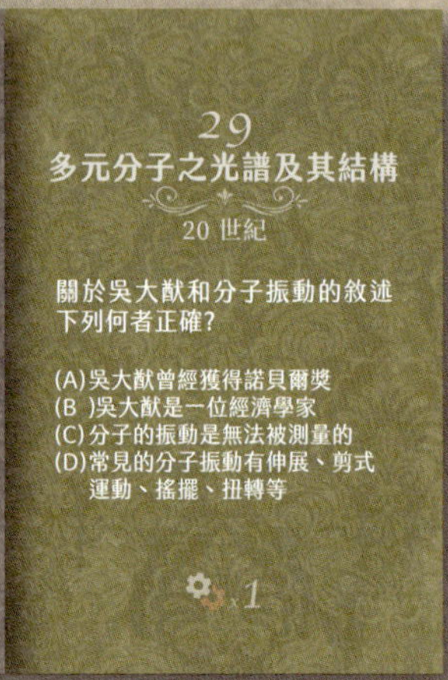

⑩ **備用遊戲規則說明卡 ×1**

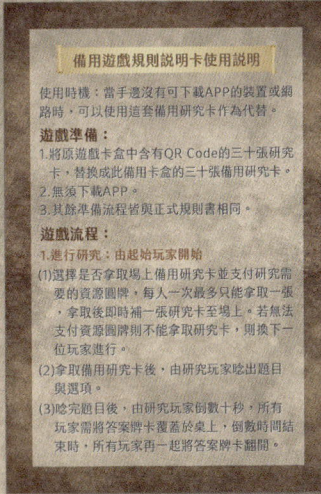

運用手中的資源進行研究，
答對研究問題獲得分數。

遊戲前準備

（一）放置研究圖板、卡片與配件

1. 將研究圖板展開放平。

2. 將所有黑色圓牌及資源圓牌（工具、時間、金錢）拿出，放到場上準備使用。

3. 每位玩家拿取代表該玩家的 1 套道具 (15 個研究院圓牌、4 個不同的答案牌卡) 及資源圓牌（工具、時間、金錢）各 1 個。

4. 取出科學家卡，將科學家卡依據物理、生物、化學分成三疊，正面（有科學家肖像的那面）朝上放到場上。

5. 取出研究卡，將研究卡分成 17 世紀、18 世紀、19 世紀、20 世紀四堆，分別洗牌後正面（有 QR Code 的那面）朝下，按照年代疊成一堆（17 世紀在最上面），然後從牌堆最上方翻出跟玩家人數相同的牌數放置於場上（有 QR Code 的那面朝上）以供玩家選取。

6. 取出事件卡，將事件卡之事件名稱朝上疊成一堆放到場上。

7. 放置研究院圓牌：每位玩家將代表自己的研究院圓牌放到研究圖板計分軌上分數為 Start 的位置。

(二)下載 APP 與決定首家

1. 下載科學思路 APP（一組僅需一台裝置下載此 APP，不需所有人皆下載），科學思路 APP 的下載管道有二：

    (1) 至 App Store 搜尋「科學思路」並下載安裝（此版本僅適用於 iOS 系統）。

    (2) 至 Google Play 搜尋「科學思路」並下載安裝（此版本僅適用於 Android 系統）。

> 註：若無網路或無法下載科學思路 APP，本桌遊另提供一套備用遊戲規則與備用研究卡，供無網路或無法下載科學思路 APP 時亦可進行本桌遊，詳見本書後面小節有關「備用研究卡」之說明，或是直接參照桌遊所附配件之「備用研究卡」盒及其說明。

2. 決定首家：由研究經驗最少或是年紀最小的人成為起始玩家。

遊戲進行

遊戲進行中，玩家需一起經過多個【聘用科學家→進行研究→領取資源】的循環，並盡力在這個過程中累積最多分數方可獲勝。以下將說明各個階段的詳細步驟：

(一) 聘用科學家

由起始玩家開始，每位玩家輪流選擇是否花費 1 金錢聘用科學家（每位科學家的聘用費皆為 1 金錢），每人一次最多只能聘用一位科學家（科學家卡片內文可能有進行研究卡所需的答案）。聘用科學家時，玩家可以從所有科學家卡片中自由挑選喜愛的科學家。

(二) 進行研究

由起始玩家開始，玩家輪流從場上挑選研究卡並進行以下的研究行動：

1. 選擇是否拿取場上研究卡並支付研究需要的資源圓牌，每人一次最多只能拿取一張，拿取後即時補充一張研究卡至場上。若無法支付資源圓牌，則不能拿取研究卡，並換下一位玩家進行。
2. 拿取研究卡後，開啟科學思路 APP 並掃描研究卡上的 QR Code，並由進行研究的玩家將題目和選項唸過一遍。
3. 按下 APP 的倒數按鈕，倒數時間結束時，所有玩家利用答案牌卡，顯示自己認為的答案。
4. 按下 APP 的解答按鈕，與正確答案相同的玩家可依研究卡所示進行加分（在記分軌上移動代表玩家的研究院圓牌至加分後之位置），若是研究者（拿取研究卡之玩家）答對則獲得的分數加倍並額外獲得一個任意資源圓牌（工具、時間、金錢），答錯者則不加分亦無法獲得額外的資源圓牌（工具、時間、金錢）。
5. 若研究者答對題目則可將代表自己的研究院圓牌放到研究圖板上該研究的位置，若研究者答錯則放置黑色圓牌。
6. 已進行過的研究卡將棄置一旁不再放回牌堆。
7. 若 APP 提示翻開事件卡，則觸發對應的事件卡並依指示進行動作。

（三）領取資源

待所有玩家進行研究行動完畢，在下一輪開始之前，每位玩家可拿取任意兩個資源圓牌（可以是相同的資源圓牌）。

註：場上的同種資源圓牌可能會用完。

（四）遊戲結束

遊戲中，玩家需持續進行上述的循環，直到遊戲中的最後一張事件卡被觸發時，執行完該事件卡的效果後，遊戲便宣告結束。

遊戲結束與遊戲計分

（一）遊戲結束

當最後一張事件卡被觸發時，遊戲即進行至該輪結束。該輪結束後，計算分數並產生贏家。

（二）遊戲計分

1. 計算大家在分數軌上的分數。
2. 各領域完成最多研究的前兩名玩家可額外獲得分數，第 1 名加 3 分、第 2 名的加 1 分。
3. 擁有最多科學家的前三名玩家可額外獲得分數，第 1 名加 6 分、第 2 名的加 3 分、第 3 名的加 1 分。
4. 在研究圖板上放置最多小圓片的前三名玩家可額外獲得分數，第 1 名加 6 分、第 2 名的加 3 分、第 3 名的加 1 分。

研究圖板說明

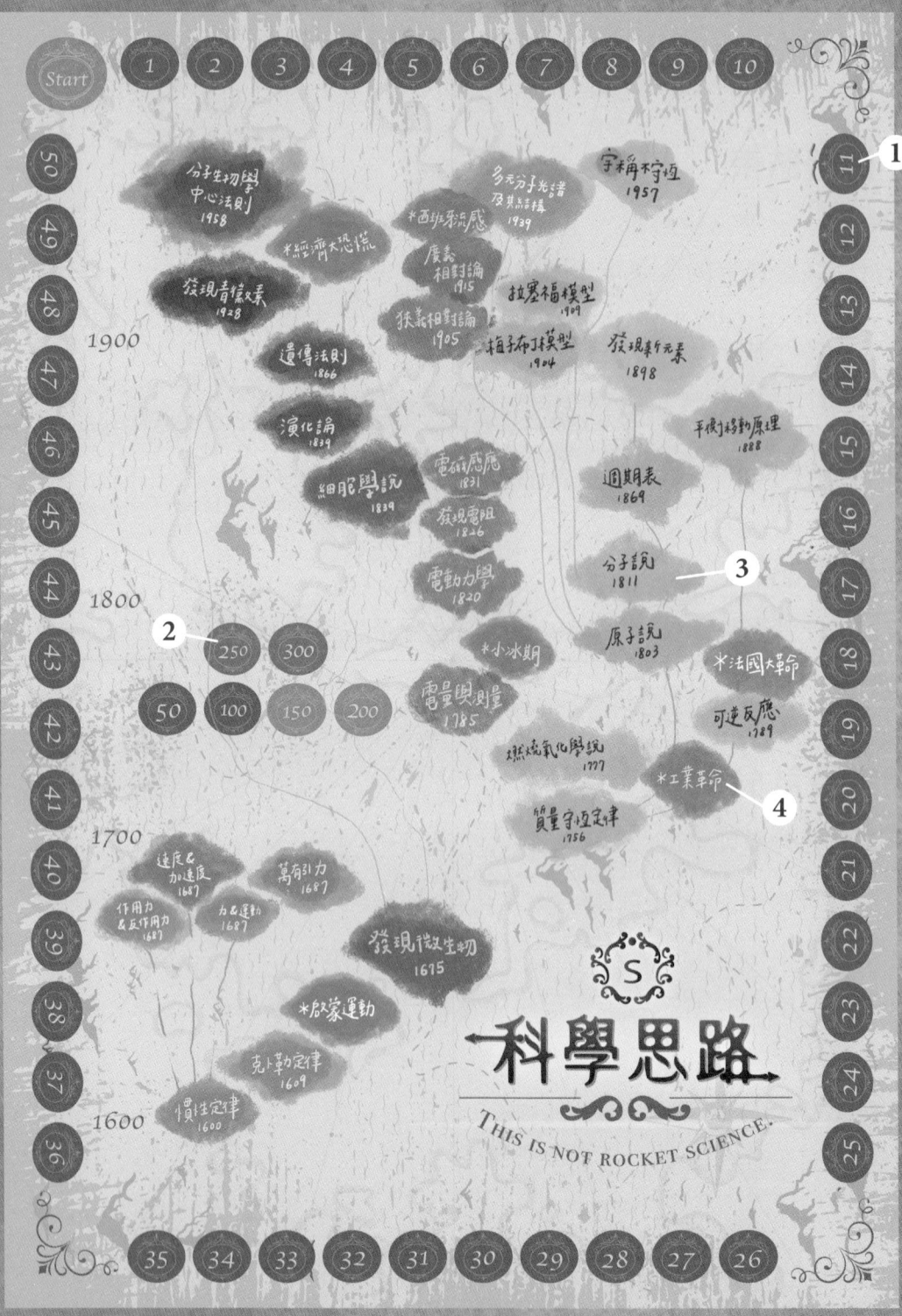

研究圖板用來記錄玩家所得的分數以及所佔領的科學研究，研究圖板上的標記與功能請參考附圖並分述如下：

① **分數軌**：玩家將代表自己的研究院圓牌放置於分數軌上，標示自己當下的得分。每次獲得分數時，立即將分數軌上的研究院圓牌往前移動來加分。

② **額外分數格**：玩家得分超過 50 分時，在這裡放下研究院圓牌來標示 50 以上的分數。

③ **研究格**：當玩家進行研究且答題正確時即可在對應格子上放下自己的研究院圓牌，若研究者答題錯誤，則放下黑色公用圓牌。研究格的顏色依照所屬領域而有所不同。

④ **事件格**：當前一個研究被完成時，即會觸發該事件。APP 會提示玩家翻開對應的事件卡。事件格不能放置任何人的研究院圓牌。

科學家卡說明

　　科學家卡共有 30 張,依據其研究內容分為物理、化學、生物三個領域。玩家在聘用科學家卡後可以查看科學家卡背後提供的科學知識來協助答題,科學家卡的標記與功能請參考附圖並分述如下:

(一)科學家卡正面

① **姓名**:科學家的完整姓名。
② **格言**:科學家曾說過的格言或是製作團隊揣摩該科學家的口吻來傳達該名科學家的貢獻。
③ **底色**:底色依據物理、生物、化學領域,各自對應不同的顏色喔!
④ **肖像**:科學家的肖像。
⑤ **編號**:科學家卡的編號。

(二)科學家卡背面

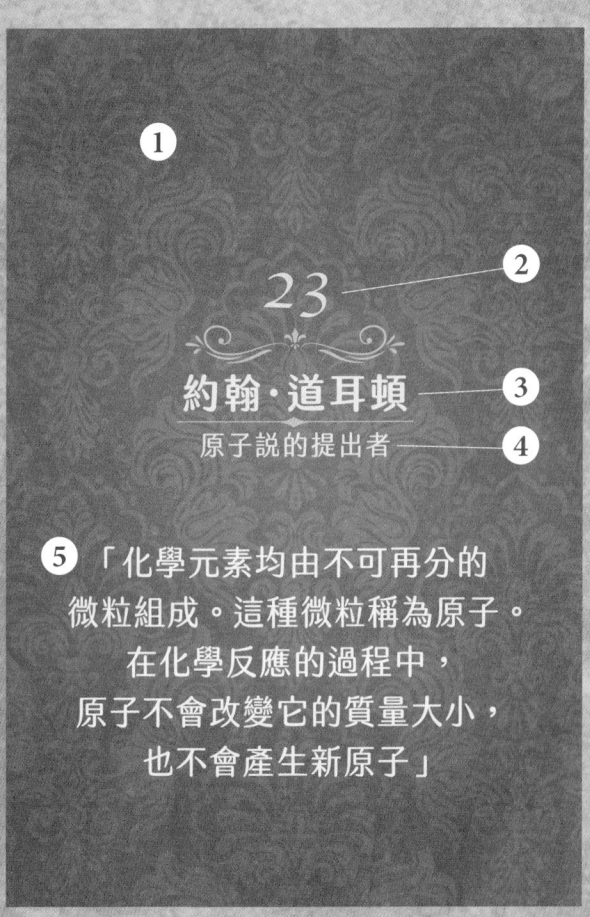

① **底色**：底色依據物理、生物、化學領域，各自對應不同的顏色喔！
② **編號**：科學家卡的編號。
③ **姓名**：科學家的完整姓名。
④ **理論**：該名科學家貢獻的科學理論。
⑤ **科學知識錦囊**：科學家的智慧將在遊戲中助您一臂之力，詳細閱讀科學家的發現，將成為您研究中的幫助。

研究卡說明

研究卡共有 30 張，研究內容分為物理、化學、生物三個領域，並依照 17、18、19、20 四個世紀分為棕色、黃色、藍色、綠色四種卡牌，玩家可以藉由手機 APP 掃描研究卡上的 QR Code 來觀看題目。

（一）研究卡正面

① **編號**：研究卡的編號。
② **名稱**：研究的完整名稱。
③ **時代**：該研究誕生的世紀。
④ **QR Code**：玩家可使用 APP 來掃描出對應的題目。
⑤ **資源**：玩家在進行研究時必須花費的資源。

Tips 偷偷跟你說，和科學家卡有所對應，科學家卡可能會為編號相同的題目帶來提示！

(二)研究卡背面

1. **分數**：玩家答對時可獲得的分數，研究者可獲得兩倍。
2. **底色**：底色依據 17、18、19、20 四個世紀各自對應不同顏色唷！

備用研究卡說明

　　備用研究卡使用時機僅限於當手邊沒有可下載 APP 的裝置或網路時，可以使用這套備用研究題目卡作為代替。替代規則為將原遊戲卡盒中含有 QR Code 的三十張研究卡，替換成此備用卡盒的三十張備用研究卡，其餘規則略同，詳細規則可見於備用研究卡盒內之說明書。備用研究卡共有 30 張，研究內容分為物理、化學、生物三個領域，並依照 17、18、19、20 四個世紀分為棕色、黃色、藍色、綠色四種卡牌。

（一）備用研究卡正面

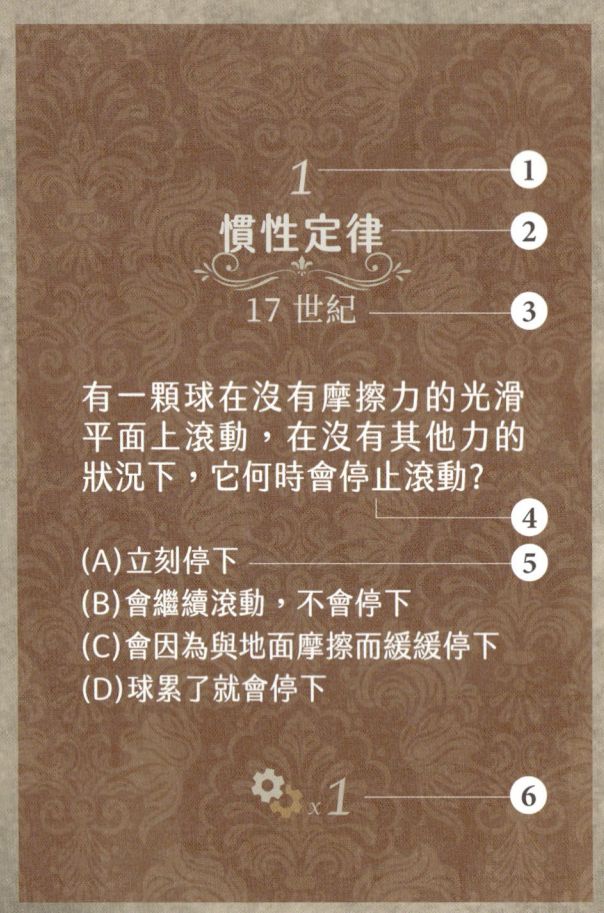

① **編號**：研究卡的編號。
② **名稱**：研究的完整名稱。
③ **時代**：該研究誕生的世紀。
④ **題目**：與研究有關的問題。
⑤ **選項**：作答的選項，分為 ABCD 四項。
⑥ **資源**：玩家在進行研究時必須花費的資源。

Tips 偷偷跟你說，和科學家卡有所對應，科學家卡可能會為編號相同的題目帶來提示！

(二) 備用研究卡背面

① **答案**：隱藏於備用研究卡背面的答案。
② **分數**：玩家答對時可獲得的分數，研究者可獲得兩倍。
③ **底色**：底色依據 17、18、19、20 四個世紀各自對應不同顏色唷！

APP 使用說明

① **點擊首頁**：選擇初階版（國小學童適用）或是科普版（一般適用）。

② **進入掃描畫面**：掃描所選之研究卡上的 QR Code，APP 上便會出現相對應的題目。

註：科學思路APP需要在有網路的環境下運作，若無網路則無法使用。

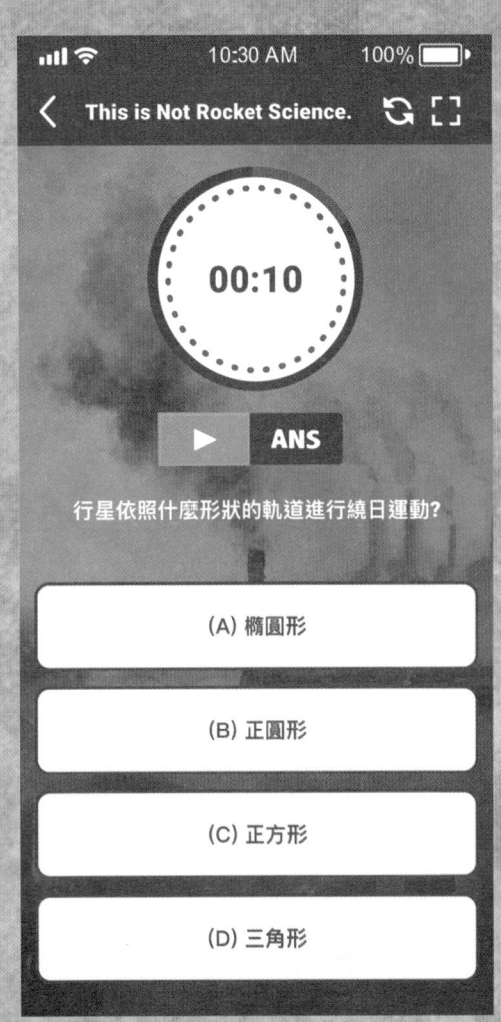

③ 若需要更換題目，可按下更新鍵（畫面右上方之旋轉鈕），更換題目功能適用於第二次以上進行桌遊者以避免同一題目重複出現的情形，或者供某些進行研究的玩家想要選取對自身有利的題目。目前共30張研究卡、每張有三套可以更換的題目。未來將持續增加與更新題庫。

④ 進行研究的玩家念出題目及選項內容，念完後便按下倒數計時鈕，當10秒的倒數結束時，所有玩家同時展示自己的作答。

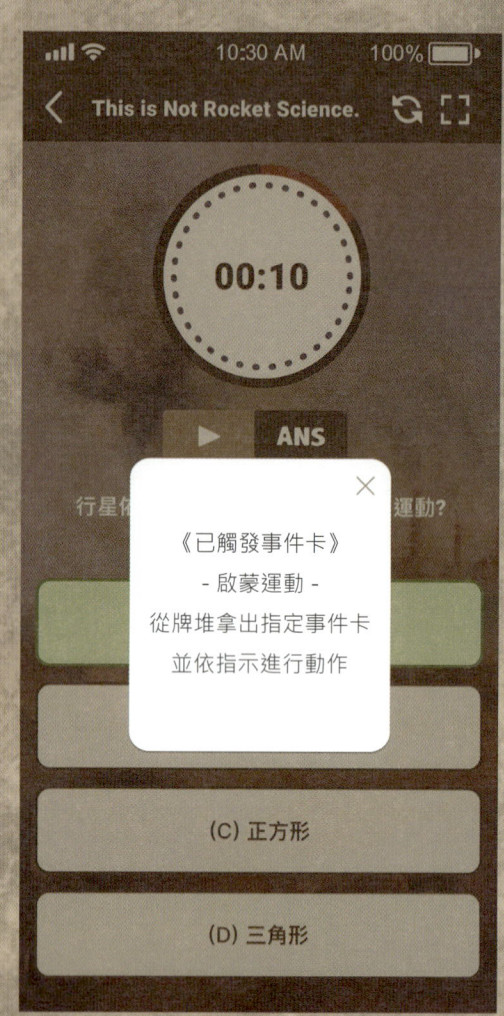

⑤ 確認所有人皆已作答後,按下 ANS 答案鈕,APP 便會顯示正確答案。

⑥ 若此研究完成後將會觸發事件卡,則 APP 內也會一併提示,此時玩家需依照提示翻開對應的事件卡。

事件卡說明

在某些特定的研究完成後會開出事件卡（啟蒙運動、工業革命、小冰期、法國大革命、經濟大恐慌、西班牙流感），玩家須依照卡片上的指示完成動作。

① **名稱 & 年代**：事件卡的名稱和發生年代。
② **年代 & 效果**：發生年代和玩家需進行的動作。

配件說明

（一）研究圖板

　　放置於場中央的圖板，用來標示、展現遊戲進行中該時間點的科學演進狀態。同時也呈現了科學理論的先後關係，以及會出現的事件卡。玩家完成研究後將代表玩家的研究院圓牌放置於此圖板上。

（二）答案牌卡

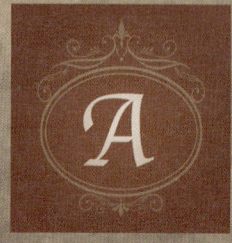   

　　在答題時，用於表示自己作答選項的牌卡。

（三）研究院圓牌

1. 放置於分數軌上的計分標示。

2. 若進行研究的玩家答題正確，則在研究圖板上放上代表自己的研究院圓牌（棋子），表示該研究院成功證實並發表了科學論述。

3. 若進行研究的玩家答題不正確，則代表該研究院對此科學現象的理解不夠透徹，在整個學界的共同討論及努力下才完成了這個科學研究，此時，則在研究圖板放上黑色圓牌，代表是由整個學界一起完成的貢獻。

（四）資源圓牌（時間、工具、金錢）

1. 進行研究時不可或缺的資源。

2. 工具和時間都只能在進行研究時使用，金錢除了在進行研究時使用外，也可以在每回合開始時用於聘僱科學家。

研究院說明

（一）英國皇家學會

　　英國皇家學會於 1660 年 11 月 28 日創立，它是世界上歷史最長而又從未中斷過的科學學會，在英國起著國家科學院的作用。皇家學會是一個獨立的社團，不對政府任何部門負正式責任，但它與政府的之間確有密切的關係，政府為學會提供財務上的資助。

（二）瑞典皇家科學院

　　於 1739 年奉國王之命成立。瑞典皇家科學院以其專設的諾貝爾獎評選委員會而聞名世界。自 1901 年起，瑞典皇家科學院就開始負責每年的諾貝爾物理學獎和化學獎的評選。瑞典皇家科學院也致力於服務瑞典的科學研究，主要工作目標包含：資助青年學者、安排國際間科學交流、發布科學及科普資訊等。

（三）西班牙皇家科學院

　　西班牙皇家科學院於 1847 年在馬德里所創立，致力於學習、數學、物理、化學、生物學、工程學等相關科學。其前身是於 1582 年菲利普二世統治時期為君主服務的數學學院。

（四）法國科學院

　　法國科學院匯集了最出色的法國科學家。自 1666 年 12 月 22 日起，一批由讓-巴普蒂斯特·柯爾貝爾所選擇的學者便定期在皇家圖書館開會。1699 年 1 月 20 日路易十四正式給科學院制定章程，時稱皇家科學院。

（五）美國國家科學院

　　美國國家科學院是在 1863 年 3 月 3 日由林肯總統簽署法案創立的。美國國家科學院的成員在任期內無償地作為「全國科學、工程和醫藥的顧問」。截至 2014 年止，共有 170 多名院士曾獲諾貝爾獎。

第 2 篇 科學素養簡介

隨著108課綱上路，愈來愈多的家長在問：什麼是「素養」？素養要怎麼考？素養要怎麼教？更令人疑惑的是，108課綱的中心精神強調以「核心素養」做為課程發展的主軸，在自然科學這個領域，培養學生的科學素養，似乎也成為大家關心的焦點，那到底科學素養又是什麼？科學素養的養成重視哪些面向呢？

什麼是科學素養？

在學術的領域中，科學素養早已被研究多時。與素養相關的英文詞彙有「Competence」與「Literacy」，相較於 Competence 指的是能做好某一特定工作或任務的能力，Literacy 源自於指稱一種讀寫的基本能力、之後延伸出功能性的、能夠獲取某方面知識或資訊的能力，例如：資訊素養或科學素養（林永豐，2014）。科學素養的英文原文為「Scientific literacy」，指的就是能夠在日常生活中所需要的情境下，應用適當的科學知識與方法來進行思考、推理、論述或問題解決的能力。就培養學生的科學素養方面，經濟合作暨發展組織（Organisation for Economic Cooperation and Development, OECD）之國際學生能力評量計劃（the Programme for International Student Assessment, PISA）將科學素養定義為學生能：（一）運用科學概念，對現象進行科學解釋的能力；（二）評估與設計科學探究以解決問題的能力；（三）解讀數據並運用證據以科學方式產生結論的能力（OECD, 2016）。培養學生於此三面向的能力，呼應了 108 課綱自然科學領域中強調的探究能力以及其所包含的思考智能與問題解決能力。

另外，拉回到素養（literacy）最早的定義，即一種聽說讀寫的基本能力，科學素養其實也是一種能聽懂科學、能說科學、能讀科學與能寫科學的基本能力。Lemke（1990）在他所著作的知名書籍「Talking Science」一書中，便指出科學是一種對話、一種文化、一種語言、一種氛圍，簡單來說，科學也是一種語言。就像學英語或是學程式語言一樣，學科學就是去熟悉那種對話、那種文化、那種語言、那種氛圍，其中包含了說話的方式和思考的方式；而學會這種語言，就大致可以在科學界暢通無阻。

不過人各有志，社會的進步當然需要的不只有科學家，對於諸多不想當科學家的人呢？為何他們也需要培養科學素養呢？很多的時候我們都已經發現，用科學的方式去思考、去說話，可以幫助我們解決許多紛爭與問題，比如說在有爭議的情形下，提出證據並有邏輯地推理，是最積極有效的說服別人的一種方式，這些有效處理問題與說話的方式，就是具備科學素養的展現。

科學素養與 108 課綱的關係

　　108 總課綱的核心素養包含三大面向，即：自主行動、溝通互動與社會參與。在這三大面向之下，課綱也各列了三個子面向，如圖所示。舉例來說，在溝通互動這個面向，著重的是符號運用與溝通表達、科技資訊與媒體素養、以及藝術涵養與美感素養這三個子面向。

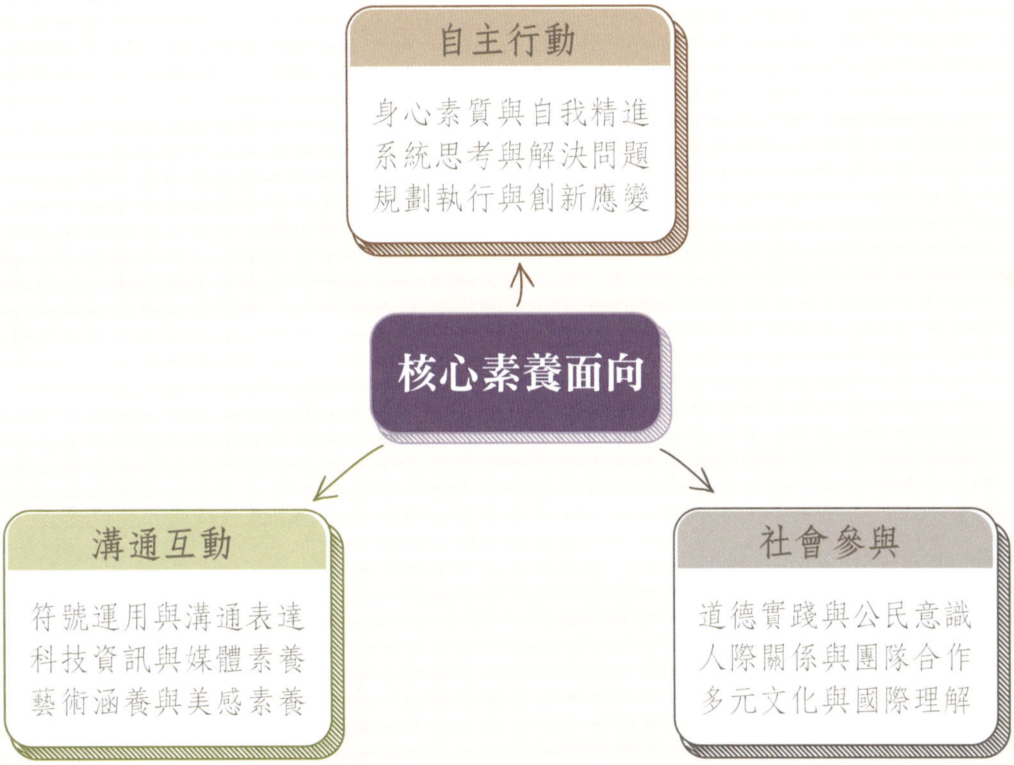

核心素養面向

- 自主行動
  - 身心素質與自我精進
  - 系統思考與解決問題
  - 規劃執行與創新應變

- 溝通互動
  - 符號運用與溝通表達
  - 科技資訊與媒體素養
  - 藝術涵養與美感素養

- 社會參與
  - 道德實踐與公民意識
  - 人際關係與團隊合作
  - 多元文化與國際理解

這些面向與子面向，對應到自然科領域方面，可以繪製成如圖所示。在自主行動這個核心素養方面，自然科透過培養學生注重觀察、邏輯思考、推理判斷、與解決問題等能力，來達成培養學生能夠自主行動的核心教育目標；在溝通互動這個核心素養方面，自然科注重運用圖表表達、呈現發現成果、以及適當使用媒體和科技資訊，來培養學生具備溝通互動的核心素養；在社會參與這個面向，自然科透過引導學生與他人合作學習探究科學、主動關心環境公共議題、發展愛護地球環境等方式，期能建立學生在社會參與的核心素養。

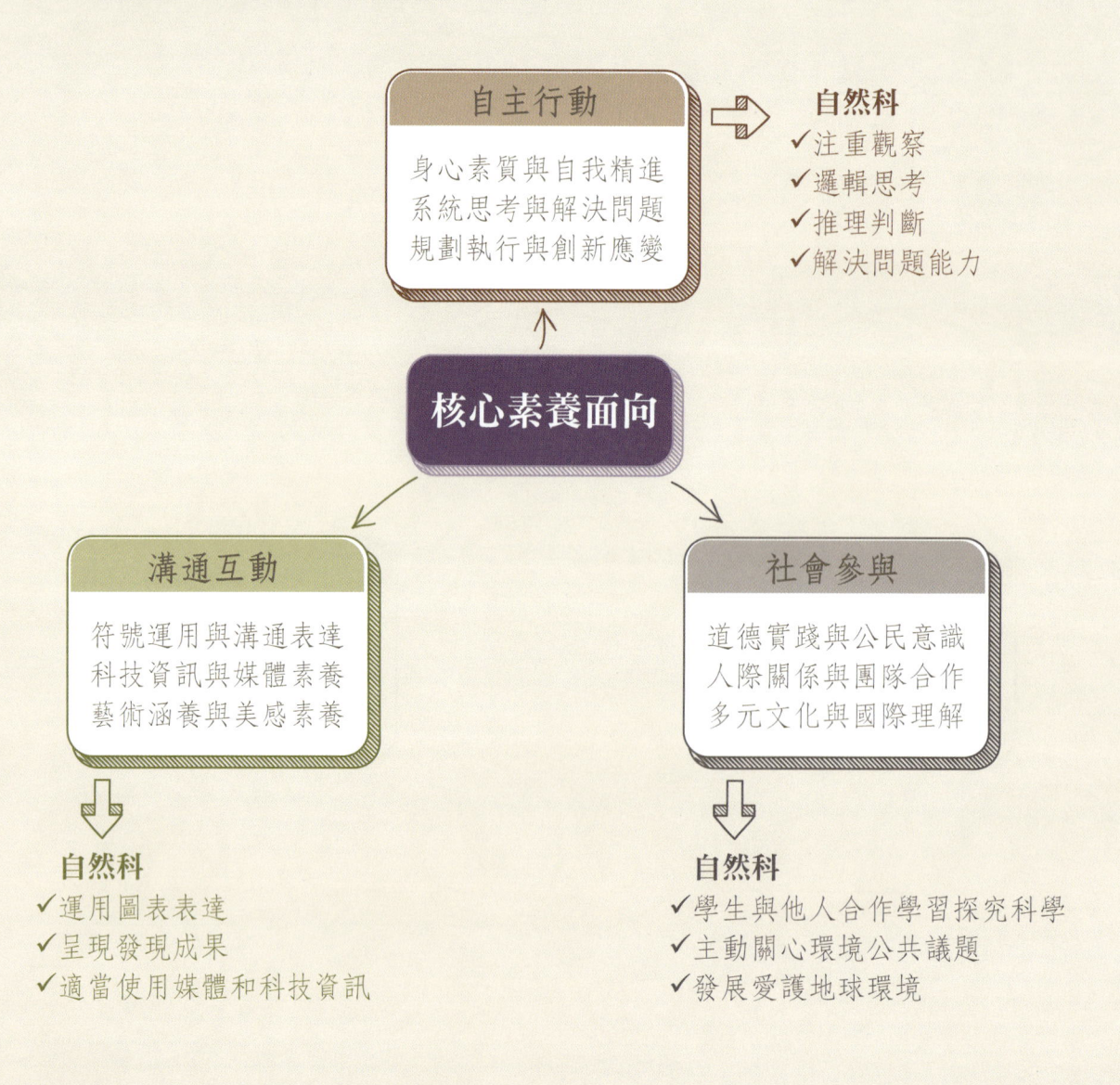

自主行動
身心素質與自我精進
系統思考與解決問題
規劃執行與創新應變

自然科
- 注重觀察
- 邏輯思考
- 推理判斷
- 解決問題能力

核心素養面向

溝通互動
符號運用與溝通表達
科技資訊與媒體素養
藝術涵養與美感素養

自然科
- 運用圖表表達
- 呈現發現成果
- 適當使用媒體和科技資訊

社會參與
道德實踐與公民意識
人際關係與團隊合作
多元文化與國際理解

自然科
- 學生與他人合作學習探究科學
- 主動關心環境公共議題
- 發展愛護地球環境

這些面向與子面向,看似抽象與繁瑣,但可以將其歸納與操作定義成具體的自然科學習表現架構表,如圖所示(引自教育部十二年國民基本教育課程綱要)。也就是說,在核心素養中所羅列的各項素養,將之具體化於自然領域方面,主要是希望能培養學生的科學認知、探究能力、以及科學的態度與本質等三類學習成果(learning outcomes)。在探究能力之下,可再細分為思考智能與問題解決兩個項目,而每個項目又可具體條列出數個子項目或步驟,例如:思考智能包括了想像創造、推理辯證、批判思辨、與建立模型;問題解決則包括了觀察與定題、計劃與執行、分析與發現、以及討論與傳達。

自然科學習表現架構表

項目	子項		第1碼
科學認知	對應相關學習內容,區分記憶、了解、應用、分析、評鑑、創造六個層次。		
探究能力	思考智能 (t)	想像創造 (i)	ti
		推理辯證 (r)	tr
		批判思辨 (c)	tc
		建立模型 (m)	tm
	問題解決 (p)	觀察與定題 (o)	po
		計劃與執行 (e)	pe
		分析與發現 (a)	pa
		討論與傳達 (c)	pc
科學的態度與本質	培養科學探究的興趣 (ai)		ai
	養成應用科學思考與探究的習慣 (ah)		ah
	認識科學本質 (an)		an

那麼，108課綱自然科領域所強調的重點和前述OECD所提出的科學素養，是一樣還是不同的東西呢？簡單來說，兩者所希望達成的教育目標、所希望培養的科學素養，在本質上是一致的。如圖所示，108課綱自然科領域在探究能力之下的問題解決這個項目，可以對應到OECD所聚焦的三個科學素養的面向。其中，課綱的「討論與傳達」可以對應到OECD「能解釋科學現象」這個科學素養向度、課綱的「分析與發現」可以對應到OECD「能以科學的方式詮釋資料與證據」、課綱的「觀察與定題」以及「計劃與執行」可以對應到OECD「能評估與設計科學探究」這個科學素養向度。此外，學生投入在OECD所提出的三個科學素養面向，亦可促進學生的科學思考智能，例如：推理辯證與批判思辨等思考智能。總結來說，不管是國內的課綱、或是國際的潮流，均顯示培養學生科學素養與科學思維的重要。

自然科學習表現架構 VS. OECD 科學素養

項目	子項		第1碼
科學認知	對應相關學習內容，區分記憶、了解、應用、分析、評鑑、創造六個層次。		
探究能力	思考智能 (t)	想像創造 (i)	ti
		推理辯證 (r)	tr
		批判思辨 (c)	tc
		建立模型 (m)	tm
	問題解決 (p)	觀察與定題 (o)　能評估與設計科學探究	po
		計劃與執行 (e)	pe
		分析與發現 (a)　能以科學的方式詮釋資料與證據	pa
		討論與傳達 (c)　能解釋科學現象	pc
科學的態度與本質	培養科學探究的興趣 (ai)		ai
	養成應用科學思考與探究的習慣 (ah)		ah
	認識科學本質 (an)		an

本書活動與 108 課綱科學素養的關係

　　本書提供了多個活動,其中在本篇(第 2 篇)之下有五個單元,主要的對象是教師或家長,或是對於科學教育與教學活動有興趣的一般人。這五個單元,將分別針對科學素養如何出題、科學探究和科學素養的關係、以及設計與製作具備科學探究精神的活動或媒體等進行探討,也將提供老師與家長網路上的資源,以及傳授科學素養的出題訣竅與範例以及相關教學活動的設計策略,希望能夠透過此一系列的單元與活動引導讀者瞭解科學素養與科學探究的意義與內涵,並能進而帶領學習者進行科學探究學習活動以促進學習者的科學素養。

本書單元	自主行動	溝通互動	社會參與
3.1　日常生活的科學對話	✓身心素質與自我精進 ✓系統思考與解決問題		
3.2　加入科學名人堂	✓注重觀察 ✓邏輯思考 ✓推理判斷		
3.3　如果電話亭	✓身心素質與自我精進 ✓解決問題能力		
3.4　科學論述的演進	✓邏輯思考 ✓推理判斷		
3.5　科學知識王	✓自我精進 ✓推理判斷		

本書單元	自主行動	溝通互動	社會參與
4.1 畫科學家		✓符號運用與溝通表達 ✓藝術涵養與美感素養	
4.2 比手畫腳		✓符號運用與溝通表達	
4.3 科學知識大 PK		✓運用圖表表達 ✓呈現發現成果	✓人際關係與團隊合作
4.4 誰是科學家？		✓符號運用與溝通表達 ✓資訊科技與媒體素養	
4.5 科學家的歷史定位		✓符號運用與溝通表達 ✓呈現發現成果	
5.1 小組合作對抗他人	✓規劃執行與創新應變		✓人際關係與團隊合作
5.2 社會性科學議題推理			✓道德實踐與公民意識 ✓多元文化與國際理解
5.3 社會性科學議題推理評量	✓系統思考與解決問題		✓道德實踐與公民意識
5.4 以科學論證法分析新聞議題	✓推理判斷	✓溝通表達	✓關心環境與公共議題
5.5 複製寵物？	✓推理判斷	✓溝通表達	✓道德實踐與公民意識

本書接下來的三篇章（第 3 篇～第 5 篇），主要的對象是學生，分別針對核心素養的三個面向，各提供五個可進行的活動。其中有些活動可讓學生按活動說明自行進行，不需要過多的教師引導；而有些活動，例如：第五篇的社會參與等單元，則需要較多的教師引導。該三篇章的所有單元分析如表所示，每篇各含五個單元。第 3 篇（3.1～3.5）以培養學生自主行動為目標，包括：注重觀察、推理判斷與問題解決等能力；第 4 篇（4.1～4.5），聚焦在溝通互動之核心素養的發展；第 5 篇（5.1～5.5），以培養學生社會參與為目標。

　　本書每個單元清楚列出單元的學習目標、器材與時間，以及所需要教師引導的需求，舉例來說，教師引導低需求指的是通常學生可以在很少的教師或家長引導下完成此活動，適合在彈性或自主學習時實施，高需求則是指通常學生需要透過教師或家長的引導來完成該活動。另外，單元中亦會提出一些延伸思考的問題、或一些科學教育知識，希望能引領本書讀者建立對科學的興趣、知識與思考方式。

參考文獻

- 林永豐（2014）。素養的概念及其評量。教育人力與專業發展，31（6），35-47。
- 教育部（2014）。十二年國民基本教育課程綱要總綱。臺北市：教育部。
- Lemke, J. L. (1990). *Talking science: Language, learning, and values.* Norwood, N.J.: Ablex.
- OECD (2016), *PISA 2015 Assessment and analytical framework: Science, reading, mathematic and financial literacy.* Paris: OECD Publishing.

單元1　科學素養評量

圖／文　張欣怡、蕭佑珊、張心盈

學習目標：瞭解科學素養評量的題型，練習科學素養評量出題。
教師引導：中需求
活動說明：進行科學素養評量與出題練習。
活動時間：20～30 分鐘
所需器材：電腦、紙、筆

活動流程

1. 利用臺灣 PISA 國家研究中心所釋出的科學素養評量範例試題，練練你的科學素養。https://pisa.irels.ntnu.edu.tw/data.html

2. 運用以下的矩陣，你也可以練習出科學素養評量題目。
   出題範例：浮力與密度概念

臺灣 PISA 國家研究中心

科學素養面向	浮力與密度概念	○○概念	○○概念
解釋科學現象	❷		
評估與設計科學探究	❸		
以科學的方式詮釋資料與證據	❶		

❶ 近年來乘坐熱氣球的活動受到很多人的歡迎。以下為在台東鹿野舉辦之「2018 國際熱氣球嘉年華活動」體驗資訊表，請觀察以下兩個曲線圖，請問 A、B 哪張曲線圖最能解釋為何熱氣球體驗時間僅開放清晨及傍晚？

繫留體驗日期	07/01（六）～08/06（日）
繫留體驗時間	【上午】AM 05:30-07:30 【下午】PM 05:00-07:00
售票時間	【上午】AM 05:00 開始售票 【下午】PM 04:00 開始售票
繫留費用	NT$500 元／人（5～7 分 Mins.） ※ 備註：1. 不分大人或是孩童，一律 NT$500 元／人。 　　　　2. 採現場排隊買票。身高 110 公分以上始可搭乘。

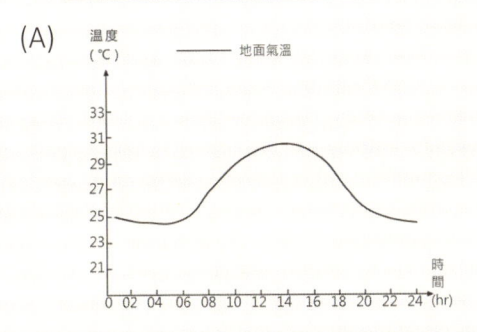

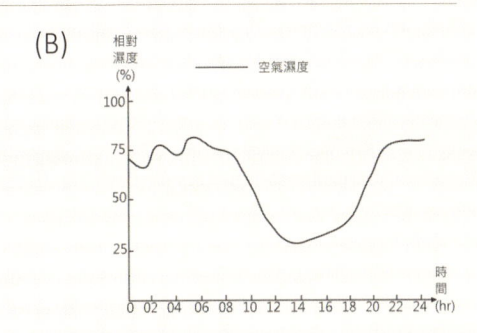

(A) 溫度（°C）— 地面氣溫

(B) 相對濕度（%）— 空氣濕度

❷ 承上一題，下列選項何者可解釋為何熱氣球體驗時間僅開放清晨及傍晚？
(A) 因為地面溫度越高，熱空氣密度越小上升越快，所以熱氣球上升較高。
(B) 因為空氣濕度越高，空氣浮力越大，熱氣球上升較高。
(C) 因為空氣濕度越高，空氣密度越小，熱氣球升得較高。
(D) 因為地面溫度越低，冷空氣密度越大，熱氣球內熱空氣密度小，因此熱氣球上升較高。

❸ 若想要知道氣球內的空氣溫度如何影響熱氣球的升空高度，請你設計一個實驗來解答這個問題。你可以決定這個實驗需要進行幾次的熱氣球施放，並圈選出每次施放熱氣球的條件選項。請解釋你的實驗設計。

(1) 第一次施放的熱氣球條件（請圈選）

氣球體積	氣球材質	籃子材質兩者體積相同	氣球內空氣溫度
4 m³	尼龍（1.15 g/cm²）	鋁（2.7 g/cm²）	50°C
25 m³	棉（1.5 g/cm²）	竹藤（1.5 g/cm²）	75°C
560 m³			99°C
2800 m³			120°C

(2) 第二次施放的熱氣球條件（請圈選，若覺得不需要則不用圈選）

氣球體積	氣球材質	籃子材質兩者體積相同	氣球內空氣溫度
4 m³	尼龍（1.15 g/cm²）	鋁（2.7 g/cm²）	50°C
25 m³	棉（1.5 g/cm²）	竹藤（1.5 g/cm²）	75°C
560 m³			99°C
2800 m³			120°C

(3) 第三次施放的熱氣球條件（請圈選，若覺得不需要則不用圈選）

氣球體積	氣球材質	籃子材質兩者體積相同	氣球內空氣溫度
4 m³	尼龍（1.15 g/cm²）	鋁（2.7 g/cm²）	50°C
25 m³	棉（1.5 g/cm²）	竹藤（1.5 g/cm²）	75°C
560 m³			99°C
2800 m³			120°C

3. 試著分析下面這題，所評量的科學概念為何？科學素養面向為何？

> (1) 小美從不同水域撈到三隻不同種類的河魨，如下圖甲、乙、丙所示。她發現不同河魨的嘴巴形狀不同，並假設河魨嘴巴的形狀與其所吃的食物有關。下面三個實驗流程，你認為哪一個可以驗證她的假設？
>
> 甲　　　　　乙　　　　　丙
>
> (A) 將甲、乙、丙三隻河魨同時放入一個魚缸中，再放入河魨可能會吃的食物，包括 10 隻珊瑚蟲、10 隻蛤蚌與 10 株水草，24 小時之後，記錄所剩餘食物的數量。
> (B) 到捕撈處水域觀察是否存在珊瑚蟲、蛤蚌、水草，再次捕撈河魨並比較與先前所捕撈到的河魨嘴巴特徵是否一致。
> (C) 將甲、乙、丙三隻河魨分別放入不同的魚缸中，在三個魚缸中，各放入 10 隻珊瑚蟲、10 隻蛤蚌與 10 株水草，24 小時之後，觀察與記錄所剩餘食物的數量。
>
> (2) 承上題，請解釋其他選項為何不能驗證小美的假設？

分析：以上這一大題，是評量「評估與設計科學探究」這個面向。

原來如此

經濟合作暨發展組織（Organisation for Economic Cooperation and development, OECD）之國際學生能力評量計劃（the Programme for International Student Assessment, PISA）將科學素養定義為學生能：(1) 運用科學概念，對自然現象進行科學解釋的能力；(2) 評估與設計科學探究以解決問題的能力；(3) 以科學的方式詮釋資料與證據以產生結論的能力（OECD, 2016）。

題目解答

2. ❶ (A)
   ❷ (D)
   ❸ 至少要進行兩次以上的熱氣球施放，熱氣球的條件為改變氣球內空氣的溫度，其餘變項包括氣球體積、氣球材質、籃子材質等在兩次的實驗中均須要保持一致做為控制變項

3. (1) (C)
   (2) (A) 選項的實驗設計與資料收集無法得知哪種河魨吃了哪些食物，(B) 選項雖可就近觀察三類河魨的生態環境，但是環境中亦有其他的生物，難以驗證所提假說。

參考文獻

- OECD (2016), *PISA 2015 Assessment and analytical framework: Science, reading, mathematic and financial literacy.* Paris: OECD Publishing.

單元 2　常見的科學素養評量主題

文／張欣怡

學習目標：瞭解常見的科學素養評量的主題有哪些，並歸納科學素養評量題型的特色與常見情境。

教師引導：高需求

活動說明：分析常見素養題目表格、歸納科學素養題目特色。

活動時間：20 分鐘

所需器材：紙、筆；另可參見 PISA2018 樣本試題紙本版以了解詳細題目內容（https://pisa.irels.ntnu.edu.tw/data.html）

活動流程

1. 分析台灣 PISA 國家研究中心所釋出的 2018 年科學素養評量範例試題（https://pisa.irels.ntnu.edu.tw/data.html），可以歸納出在科學的範疇，常見的素養題可能出現在以下的主題與情境中：

主題	題目特色或情境	科學素養面向
溫室效應	二氧化碳排放量隨年代變化圖、地球平均溫度變化圖	以科學的方式詮釋資料與證據
氣候變遷	人類活動的效應	以科學的方式詮釋資料與證據、解釋科學現象
地球科學	白晝長短、星光、金星凌日	解釋科學現象
人類與環境	無汙染公車、無軌電車、殺蟲劑的效應、臭氧減少、城市供水系統、大峽谷、酸雨、基因改造農作物、化學工廠與健康風險、風力電廠	評估與設計科學探究、以科學的方式詮釋資料與證據、解釋科學現象

主題	題目特色或情境	科學素養面向
演化	馬的演化	評估與設計科學探究、以科學的方式詮釋資料與證據、解釋科學現象
生物多樣性	食物網圖	解釋科學現象
生物複製	桃莉羊、複製牛	評估與設計科學探究、以科學的方式詮釋資料與證據、解釋科學現象
生物與醫學	產褥熱、抗生素、蛀牙、鼠痘、菸草與疾病、超音波與X光、天花、疫苗、定期運動、外科手術	評估與設計科學探究、以科學的方式詮釋資料與證據、解釋科學現象
力與運動	公車行進突然煞車	解釋科學現象
溫度與熱	炎熱的工作	解釋科學現象
創新科技與應用	智慧型衣服以幫助殘疾兒童說話	評估與設計科學探究
構想與實驗	玉米作為燃料或飼料、棘魚的行為、防曬品與防曬係數、唇蜜與唇膏的製作	評估與設計科學探究、以科學的方式詮釋資料與證據、解釋科學現象
日常生活應用	生麵團與發酵、觸媒轉換器	評估與設計科學探究、解釋科學現象

2. 討論以下問題：

   (1) 根據以上的分析表格，在 PISA 這個國際科學素養評量測驗中，最常見的主題有哪些？它們所含括的情境有哪些？

   (2) 根據以上的表格，若一位教師想要評量學生「評估與設計科學探究」這個科學素養的面向，有哪些主題較容易出這一個面向的評量題目？哪些主題較不適合？原因為何？

3. 如以上表格中所列，有些題目採用國外的情境，例如：大峽谷，此題首先簡略介紹了美國的大峽谷，並提到每年大約有五百萬人遊覽大峽谷國家公園，而這麼多的遊客對公園可能造成了破壞。題目接下來詢問「下列有關大峽谷的問題能否透過科學調查來回答？請就各項問題，圈出『是』或『否』。」，並給予以下的表格供作答：

(1) 使用步行小徑會造成多大的侵蝕？	是 / 否
(2) 公園地區是否像它 100 年前一樣的美麗？	是 / 否

分析：以上這一大題，是評量「評估與設計科學探究」這個面向。

4. 請試著修改上述大峽谷一題，將它變成國內所熟悉的情境之科學素養題。

原來如此

　　素養題的評量強調日常生活的應用以及真實所發生的議題，因此，若只是將傳統考題加上人名，例如：小美或小花等，並不會因此而變成素養題喔！尤其傳統的科學考題可能只是應用公式解題，硬是要加上人名或是情境反而變得四不像。其實，應用公式解題與基本題有它的價值與存在的必要；而素養題則是強調真實的議題、事件或情境，例如：表格中所列的基因改造食品、疫苗等議題。建議教師或家長，可以由日常生活與新聞中尋找適合素養題的主題，像近來的新冠肺炎與疫苗等問題，都是科學素養題目很適合的來源。

　　綜合來說，由表格中可以發現，與人類生活息息相關的主題，例如：人類與環境、生物與醫學等，都是國際科學素養評量常見的主題。另外，就可以評量的科學素養面向而言，傳統的科學概念題，如：力與運動、溫度與熱等，可以評量學生應用科學概念進行科學解釋的部分；而若要評量學生其他科學素養的面向，包括「評估與設計科學探究」、以及「以科學的方式詮釋資料與證據」這兩個面向，就可以往科學小故事、或是日常生活常見的議題或新聞中尋找適合的主題，除了人類與環境、生物與醫學這兩個主題，另外像是創新科技與應用、構想與實驗、以及科學在日常生活應用這些主題，也都是很適合用做素養題情境的主題。

題目解答

3.(1) 是　(2) 否

單元 3　科學探究與科學素養

文／張欣怡

學習目標：瞭解何謂科學探究及其與科學素養的關係。
教師引導：高需求
活動說明：解析科學探究步驟、配對科學素養架構、並評量自己的相關能力。
活動時間：20～30 分鐘
所需器材：紙、筆

活動流程

1. 什麼是科學探究？和科學素養的關係為何？閱讀以下說明並進行活動。

> 科學探究起始於一個問題。可能有人覺得要產生科學探究的問題很難，其實不然，只要去一趟幼兒園，觀察那邊的小朋友不管在課堂上或是下課時詢問的問題，或是跟一位四～六歲的小朋友相處一天，我們就會發覺，原來對日常生活諸多大小事產生疑問是多麼直覺和本能的一件事，而抓住其中某個困擾我們個人許久的疑問進行探究，也就不是那麼遙不可及，反之，其實是平常就可以實踐的事情。至於科學探究與科學素養的關係為何？簡單來說，科學探究是描述一種進行科學的方法，而科學素養則是經由進行科學探究可培養的能力、知識與態度。一般來說，科學探究可以簡化成三到五個步驟，不過要注意的是，這些步驟不是剛硬的、死的流程，而是可以因時、因地、因需求而有所不同的。以下就是常見的科學探究五部曲：
> - 聚焦科學問題
> - 產生假說
> - 設計與進行研究（探究）
> - 分析與詮釋資料
> - 產生結論

2. 連連看：下列的左半部為科學探究五部曲、右半部為 PISA 科學素養架構所強調的科學素養三個面向。你認為科學探究的哪個步驟可以培養科學素養的哪個（些）面向？請以線條將這些面向連起來。

科學探究	科學素養

聚焦科學問題 •　　　　　• 評估與設計科學探究的能力

產生假說 •

設計與進行研究 •　　　　• 以科學的方式詮釋資料與證據的能力

分析與詮釋資料 •

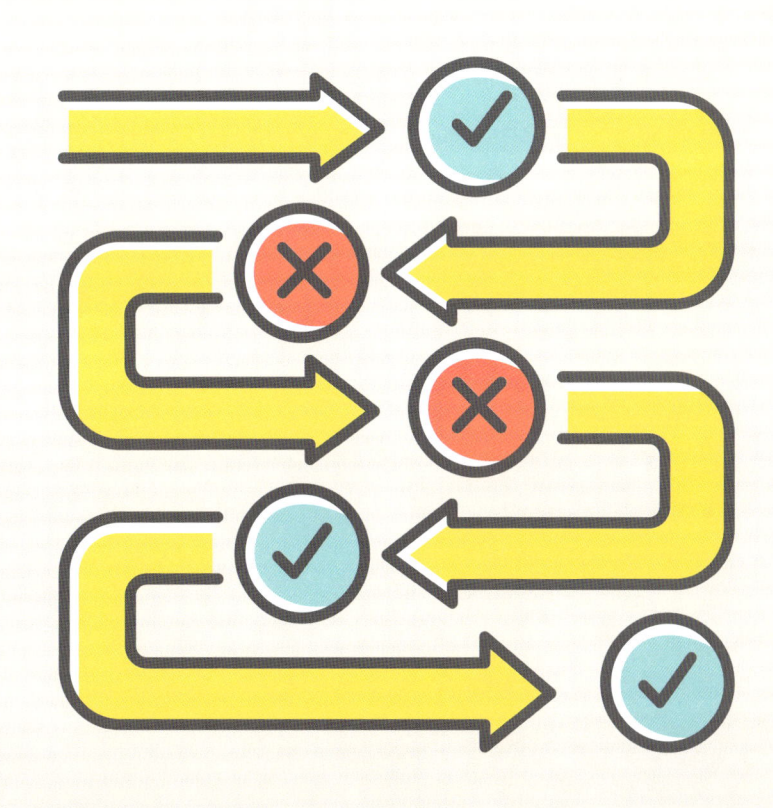

產生結論 •　　　　　　　• 解釋科學現象的能力

3. 科學探究始於一個科學問題，因此，首要之務就是要能區分科學問題，也就是說，哪些是屬於可進行科學研究的科學問題？哪些不屬於科學問題？另外，也需要培養辨別哪些問題是關鍵問題的能力。透過以下的第一大題評量來練練你區分科學與非科學問題的能力、第二大題評量來練練你區分關鍵與較不關鍵問題的能力（題目來源：PISA2018 樣本試題）。

第一大題

某個國家的人民有很高的蛀牙數量。下列關於這個國家的蛀牙問題有哪個是屬於可以透過科學實驗來回答的科學問題？（複選）

(A) 在供水系統中加入氟化物對蛀牙會造成什麼影響？
(B) 人民蛀牙數量是否跟愛吃甜食有關？
(C) 看一次牙醫的收費應該多少？

第二大題

有很多類型的水痘病毒可導致動物患上水痘疾病。每一類型的病毒通常只會讓一個動物物種感染。某雜誌報導，有一位科學家利用遺傳工程改造鼠痘病毒的 DNA。被更改後的病毒殺死了所有受到感染的老鼠。該名科學家說改造病毒的研究是必需的，目的是控制那些損壞人類糧食的害蟲。這項研究的批評者說，病毒可能從實驗室外洩，並感染到其他動物。他們也擔心某一物種的改造水痘病毒，可能會感染其他的物種，尤其是人類。有一家公司正嘗試研發一種讓老鼠不孕（即，無法懷孕）的病毒。這種病毒可以幫助控制老鼠的數目。假設該公司成功了，是否還需要透過研究來解答下列問題後，才釋出病毒？也就是說，下列哪些問題是屬於該公司在釋出病毒前一定要進行的關鍵問題？（複選）

(A) 目前老鼠的數量為多少？
(B) 病毒會影響其他動物的物種嗎？
(C) 老鼠多快就會對病毒產生免疫力？
(D) 什麼是散播病毒最好的方法？

4. 在產生假說以及設計與進行研究的部分，要瞭解問題的情境、依據問題產生適當的假說，且能依據研究問題，設計適當的研究來驗證假說，其中，一個適當的研究中需考量自變項（操弄變項）、控制變項與依變項（結果變項）。透過以下的兩大題評量來練練你進行適當研究設計的能力（題目來源：PISA2018 樣本試題）。

第一大題

野生動植物保護團體要求明令禁止一種新的基因改造（GM）玉米。這種 GM 玉米不會受到一種新的強力除草劑的影響，但是這新除草劑會殺死傳統的玉米植物，也會殺死長在玉米田中的大部分雜草。環保人士說，雜草是一些小動物、特別是昆蟲的食糧，使用新的除草劑與 GM 玉米將會對環境有害。支持使用 GM 玉米的人士則說，科學研究已顯示這種情況不會發生。這個科學研究的細節如下：

- 在全國各地 200 處地方種植了玉米。
- 每塊玉米田被一分為二。其中一半種植基因改造（GM）玉米並施用新的強力除草劑，另一半則種植傳統玉米及施用傳統除草劑。
- 在施用新除草劑的 GM 玉米中所找到的昆蟲數目，與施用傳統除草劑的傳統玉米中所找到的昆蟲數目，大致相同。

在這個科學研究中，有什麼因素是故意變動的（研究的操弄變項）？

(A) 環境中的昆蟲數目
(B) 使用的除草劑的種類
(C) 種植的玉米種類

第二大題

承上題，玉米在全國的 200 處地方被種植。為什麼科學家使用了多於一處以上的地方？

(A) 為了盡可能用 GM 玉米來覆蓋多的土地
(B) 這樣可讓很多農夫嘗試種植新的 GM 玉米
(C) 為了包含各種不同的生長條件來種植玉米
(D) 為了察看它們能種植出多少的 GM 玉米

5. 在分析、詮釋資料與產生結論的部分，需要能依據資料作為證據，產生有邏輯的解釋與結論，或是能根據觀察與資料，產生新想法，並進行驗證與推理。要知道科學家可能因為立場不同而有不同的見解，這些不同的見解並不是說謊，而是因為不同的研究設計與詮釋的方式所導致。因此，一般公民皆需要具備質疑不同見解（包括質疑研究設計與詮釋方式）的能力。以下兩大題是PISA2018樣本試題，就是要評量質疑研究設計與結論的能力，採用的是申論題的方式。

第一大題

想像你住在一家大型的製造農業用肥料的化學工廠附近。近幾年，有幾位住在這區的人士長期為呼吸問題所苦。很多本地人士相信這些症狀是附近化學肥料工廠排放的有毒濃煙所致。當地居民舉行一個公眾集會討論化學工廠對他們健康的潛在威脅。科學家在集會中做出下列的聲明。

- 為化學公司工作的科學家的聲明：「我們已研究本地泥土的毒性。在我們所採集的泥土樣本中，沒有找到有毒化學物品的證據。」
- 為不安的居民工作的科學家的聲明：「我們已比較當地與遠離化學工廠地區有長期呼吸問題個案的數目。化學工廠附近地區的案例較多。」
- 化學工廠老闆使用為公司工作科學家的聲明來主張：「工廠排放的濃煙不會危及本地居民的健康。」

請提出一個理由，用以質疑為公司工作的科學家的聲明。

第二大題

承上題，為不安的居民工作的科學家比較了在化學工廠附近和遠離居住化學工廠地區有長期呼吸問題的人數。但是選擇這兩個地區來進行比較，讓你覺得這個比較也可能有問題。請指出一個這兩個地區的可能差異作為質疑。

題目解答

3. 第一大題 (A)(B)；第二大題 (B)(C)(D)。

4. 第一大題 (B)(C)；第二大題 (C)。

5. 第一大題：以下皆為正確答案

   (1) 導致呼吸問題的物質不一定會被認為有毒。
   (2) 呼吸問題可能由空氣中而非泥土裡的化學物品而導致。
   (3) 有毒物質可能隨時間改變／分解，在泥土中已不再具毒性。
   (4) 我們不知道樣本是否對這地方有代表性。
   (5) 因為公司有支付科學家們薪水。
   (6) 科學家們害怕丟掉工作。

   第二大題：可能的質疑是

   (1) 兩地居民的人數可能不同。
   (2) 其中一地的醫療服務可能比另一地好。
   (3) 每一地方的老年人口比例可能不同。
   (4) 其他地方可能有其他空氣污染。

單元 4　設計科學探究闖關活動

文／張欣怡

學習目標：瞭解如何設計可簡單進行的科學探究活動。

教師引導：高需求

活動說明：選用科學探究教學模擬、解析科學探究闖關活動設計策略。

活動時間：20～30 分鐘

所需器材：紙、筆、電腦、網路

活動流程

1. 掃描 QR Code，至該網頁（https://phet.colorado.edu/zh_TW/）瀏覽 PhET 模擬。

2. 本單元的任務就是，選擇一個 PhET 模擬，設計適合該模擬的闖關活動。利用電腦模擬進行的闖關活動，可以在電腦教室進行、也可以利用平板電腦分散各點進行，非常方便實施。只要設計幾個科學探究模擬的闖關活動，一個有趣的科學嘉年華於焉誕生！

3. 闖關活動設計的策略：利用電腦模擬來進行闖關活動，其闖關活動的設計，不外乎以下三種方式，即：要求闖關者
    (1) 操作模擬來回答特定問題
    (2) 操作模擬歸納出科學概念或原理
    (3) 找出完成目標任務的方法。

動手也要動腦！

- 操作模擬來回答特定問題
- 操作模擬歸納出科學概念或原理
- 找出完成目標任務的方法

闖關設計的最高原則，就是「動手也要動腦！」

4. 以下利用一個 PhET 模擬：物質的三態（https://phet.colorado.edu/sims/html/states-of-matter-basics/latest/states-of-matter-basics_zh_TW.html，亦可掃描 QRcode 至該模擬頁面），來分別說明如何設計該模擬闖關活動的三種方式。

PhET 物質三態

> **闖關設計方式一** ▶ 操作模擬來回答特定問題

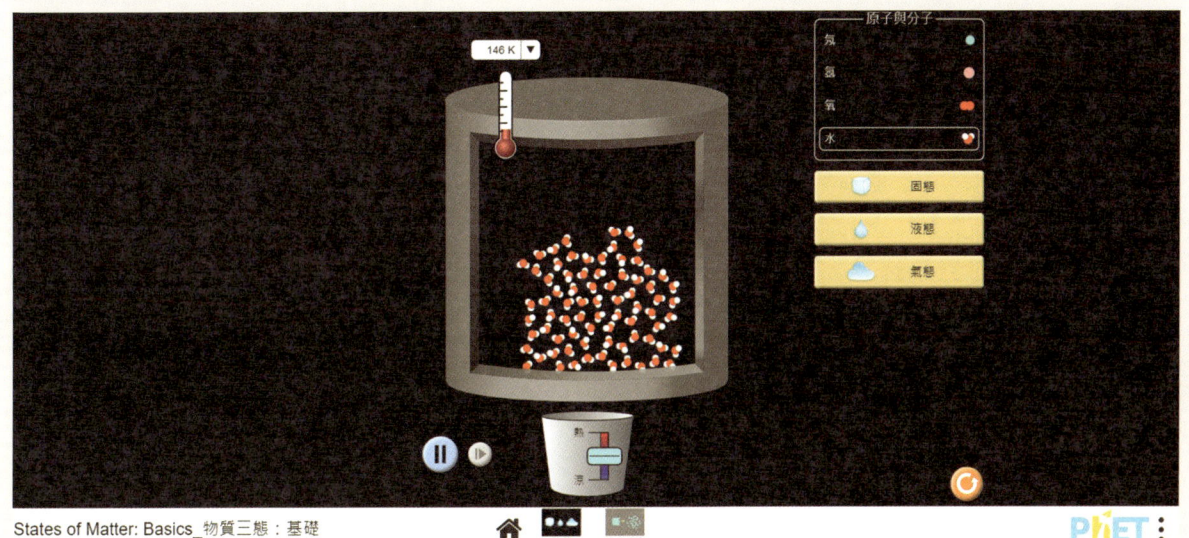

上圖為 PhET 物質三態模擬的一個介面擷圖，使用者可以選擇不同的物質，如：水、氖、氬、或氧等，來觀察該物質在不同狀態包括固態、液態與氣態時，其原子或分子的運動狀態，並可選擇加熱或冷卻。闖關任務一，便是可以詢問：「水在固態、液態以及氣態時，分子運動的狀態如何改變？」請闖關者操作模擬後回答，答對即闖關成功。

> **闖關設計方式二** ▶ 操作模擬歸納出科學概念或原理

可利用上圖所示同一個介面，進行闖關任務二：「請歸納出不同的物質，其在三態（即固態、液態以及氣態）的微觀狀態，有何共同之處？」

闖關設計方式三　　找出完成目標任務的方法

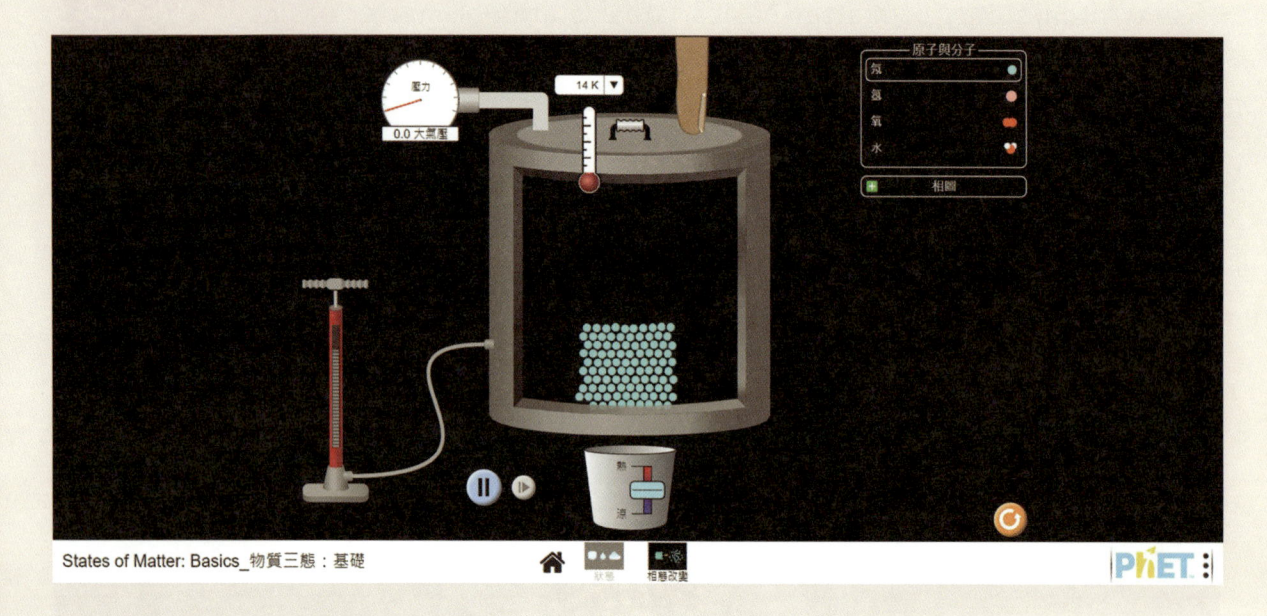

PhET 物質三態模擬的另一個介面（如圖所示），可允許使用者藉由操作與改變變項，包括：溫度、壓力等，進行實驗以學習這些變項如何可以促進物質的相態改變（例如：由固態變成液態）。

闖關任務三：「請找出三種可以使物質由某一態變化至另一態的方法。」

5. 選擇一個 PhET 模擬，練習上述的闖關活動設計。

6. 若是帶領的學生為較高年級的學生，如高中生或是大學生，可以以某些學生為關主，並引導關主自行設計闖關活動。

7. 以下提供闖關任務卡（供關主出題使用）以及闖關卡（供闖關者收集闖關印章使用）作為範本或影印使用。

任務卡

模擬　　　　　PhET 物質三態模擬　　　　　

任務或問題
請找出三種可以使物質由某一態變化至另一態的方法。

闖關卡

組別　　　　　　　　　　　　

1	2	3	4	5
☺				
6	7	8	9	10
		☹		

原來如此

　　PhET 原全名為「Physics Education Technology」，不過現在除了物理學科之外，亦含有化學、生物、地科以及數學等科目的電腦模擬，係由美國科羅拉多大學所開發的學習工具。截至目前為止，在該網站上含有接近兩百個科學探究教學模擬、已被翻譯成多國語言，並有超過數千個教師上傳的教案可供參考如何利用電腦模擬進行學習活動。PhET 模擬可在一般電腦以及平板上（模擬上有註明 HTML5 者）使用。

單元 5　科學探究型 YouTuber

文／張欣怡

學習目標：瞭解與反思如何成為一個成功的科學探究型 YouTuber。

教師引導：高需求

活動說明：瀏覽相關 YouTube 影片、分析可於日常生活中進行科學探究之主題與方式、反思做為一個科學探究型 YouTuber 的特色。

活動時間：20～30 分鐘

所需器材：紙、筆、電腦、網路

活動流程

1. 掃描 QR Code，瀏覽這一位 YouTuber 的影片。分析此 YouTuber，他所製作的影片，主要有三個特色：日常生活、科學探究、動手做。

   佑來了

2. 以該頻道的其中一個影片「隱形斗篷」為例（欲觀看該影片可至 https://www.youtube.com/watch?v=6ifL3yorXlI&t=1s 或掃描 QR Code），分析這個影片如何符合科學探究的精神與方法。

   隱形斗篷

分析：

- **探究問題 Question**：魔術［隱形斗篷］的原理或成因是什麼？
- **形成假說 Hypothesis**：是物理現象、光學的效果
- **進行探究 Design Inquiry**：
  觀察：有圓柱狀排列的光柵
  應用科學知識：凸透鏡原理
  模擬（動畫）：物體在圓柱形凸透鏡後的水平或垂直移動所產生的視覺效果。
- **進行分析 Analysis**：物體因凸透鏡效果而讓它變細，細到幾乎看不到了。
- **產生結論 Conclusion**：魔術［隱形斗篷］是應用光柵現象造成的視覺效果。

3. 瀏覽該頻道的其他影片，你會推薦哪些其他影片呢？選擇其中一部，試著分析該影片如何符合科學探究。

4. 討論或反思，你認為要成為一個成功的科學探究型 YouTuber，應該具有哪些條件？

原來如此

　　在現代科技發達的時代成長的孩子可謂是「數位原住民」（digital native）。若去觀察一個擁有智慧型手機並能無線上網的少年人，可以發現他們可以利用很多的時間在吸收網路資訊。做為師長、或家長的成年人，與其抗拒或圍堵，或許可以開發更多的、具教育意義的媒體素材，讓孩子或學生也可以透過網路吸收這些優質資訊。本單元即是希望透過介紹與分析一位科學探究型 YouTuber，鼓勵更多的教師或具有探究長才者，投入日常生活的科學探究影片製作。

NOTE

第 3 篇

核心素養——自主行動篇

核心素養在促進自主行動的面向，強調身心素質與自我精進、系統思考與解決問題、以及規劃執行與創新應變。在自然科領域，則強調注重觀察、邏輯思考、推理判斷、與解決問題等能力。在日常生活中，可以進行哪些遊戲與活動，來培養學生的觀察力、以及邏輯思考、推理判斷與解決問題能力呢？

單元 1　日常生活的科學對話

文／圖　張欣怡、劉玹伶

學習目標：瞭解與體驗科學思維與科學論證在生活中處處可見、促進課綱核心素養之身心素質與自我精進、系統思考與解決問題等面向。

教師引導：低需求

活動說明：閱讀三段真實發生的小故事，進行問題的回答或討論。

活動時間：20 分鐘

所需器材：紀錄本、筆

活動流程

1. 閱讀以下短文並思考文中所穿插的問題：

短文一：科學話題隨處可見？小安（匿名）一家人一天的紀錄

故事是這樣開始的…

　　今天一早，安媽急著要去高鐵趕搭高鐵出差，小安急著趕上學不要遲到（註：小安剛上小學一年級，對於老師會對遲到的同學罰站很緊張），安爸要負責開車送大家。安媽提議先去高鐵，再送小安，但是小安很著急，堅持要爸爸先送他去學校，再送媽媽去高鐵；兩個人為此開始站在電梯前爭論，安媽解釋高鐵站離家比較近，應該先去高鐵站再去學校，小安完全不同意並且愈來愈急躁，眼看就要瀕臨崩潰、情勢一發不可收拾…

　　安媽突然福至心靈，開始用手勢比劃並說：「我們家在這裡…高鐵站在這裡…學校在這裡，所以，要先去哪裡呢？」

　　這時神奇的事發生了，小安不接話了（熟知孩童實務學的媽媽都知道，不接話就是默認、默認就是同意了）。

問題：這個故事跟科學有什麼關係？

分析：(1) 在科學工作中，科學家常常需要利用符號、圖像或模型來表達想法，這些圖像或模型的產生，不是科學家胡亂掰的，而是要根據事實或是實驗數據而產生的，這樣的圖像或模型可以作為證據幫助科學家針對某些現象進行解釋或論述。對於一般人，能夠利用符號、圖像或模型來進行表達與溝通，也是科學素養的重要內涵之一。

(2) 在小安與安媽的這個例子中，安媽利用肢體語言（手勢與比劃）產生了「圖像」，也就是具體呈現出安家、高鐵站、與小安學校三者的地理位置的這個「事實」，而這個事實被用作為「證據」來支持安媽的主張。經過實測結果證實，像這樣利用圖像作為證據的主張是非常有力的，可以讓快要瀕臨崩潰的小一學生立即恢復理智並乖乖就範。

短文二：安家人的一天（續）

　　話說安媽成功地先到了高鐵站，其實旁邊還有個小小跟班—安弟，安弟是一位大班生，不重視上學，可以陪媽媽到北部出差，到了高鐵站⋯

安弟問：台中還是台南比較遠？

安媽：離哪裡比較遠？是高雄嗎？（註：安媽與安弟此時位在高雄）

安弟：是

安媽：從高雄出發的話，會先到台南再到台中，那哪一個比較遠？

安弟：台中，因為高雄在這裡⋯台南在這裡⋯台中在這裡，所以台中比較遠！
　　　（安弟想起了剛剛媽媽與哥哥的爭論，就動手動口的比手畫腳了起來）

分析：你是否同意「科學是一種說話的方式，由大人（科學資深者）傳給小孩（科學資淺者）。說話的方式經由小孩的模仿達到經驗的傳承與科學實務的練習，這樣的練習從幼稚園就會開始！」

短文三：科學論證的練習

　　洗完澡，終於要上床睡了，辛苦的媽媽還要陪著，一直要工作到小朋友進入夢鄉那一刻呢！小安和安弟躺在床上，進行每天的閒聊與無謂的爭吵⋯

安弟：高雄是台灣，新加坡也是台灣（註：這些是真實發生的小孩言語，請勿做任何政治聯想）

小安：騙人！新加坡不是台灣。我們去新加坡是坐飛機去的，那如果新加坡是台灣，我們還需要坐飛機去嗎？台灣就是開車可以到的地方，開車不能到要坐飛機的就不是台灣，所以新加坡根本就不是台灣，馬麻！底迪騙人！

安媽驚訝地滾到床下，趕快提筆一字不漏地記下這所有的對話。

問題：安媽這麼驚訝是因為小安說的話，就是在進行所謂的科學論證。你能找出小安話中的科學論證的元素嗎？請標出來。

分析：科學論證的組成包括宣稱、理由、證據、反駁與反對的理由。

　　安弟說「高雄是台灣，新加坡也是台灣」是他的宣稱，小安則反駁說「新加坡不是台灣」（反駁也是一種宣稱），反駁的理由是「台灣就是開車可以到的地方，開車不能到要坐飛機的就不是台灣」，有理由還不夠，還需要提出證據（通常是事實或數據），小安提出的證據就是「我們去新加坡是坐飛機去的」。

結論：誰說孩童不是天生的科學家？

　　像小安和安弟這樣的科學論證，是否也發生在你的生活中呢？請仔細留意並記錄下來，標出其中「科學論證」的元素。

原來如此

　　科學論證是一種常見的科學對話，也是科學思維的展現。Toulmin（1958; 2003）所提出的論證架構（Toulmin's Argument Pattern, TAP）至今仍廣為被學者引用與討論，其中就包含了宣稱、理由、證據、反駁與反對的理由等元素。課程開創先鋒經由應用TAP 在科學課程的設計與實施，證實學生的科學論證能力是可以經由這些課程活動來提升的。

延伸思考

1. 如果說…

    科學就是**一種對話、一種文化、一種語言、一種氛圍**；精通科學就是代表**熟悉那種對話、那種文化、那種語言、那種氛圍**（Lemke, 1990）。

    那麼，它是哪種對話？哪種氛圍呢？科學強調什麼呢？

2. 從三個短文所呈現的真實案例中可以得知，日常生活中的科學論證可以是非常直覺式的、孩童從很小就可以展現的。那為什麼不論國內外，許多的研究發現學生進行科學論證有其困難？你認為為何會出現這樣的情形呢？

參考文獻

- Lemke, J. L. (1990). *Talking science：Language, learning, and values.* Norwood, N.J.：Ablex.
- Toulmin, S. E. (1958). *The use of argument.* Cambridge, UK：Cambridge University.
- Tolmin, S. E. (2003). *The uses of argument, updated ed.* Cambridge, UK：Cambridge University.

單元 2　加入科學名人堂

文／陳馬克

學習目標：應用分類的概念來瞭解科學家和其理論、促進課綱核心素養之注重觀察、邏輯思考、推理判斷等面向。

教師引導：中需求

活動說明：透過嘗試將科學家卡分類來檢視科學家人物間的異同，並將自己放入分類標準中，以體會自己具有與知名科學家齊列的潛質。

活動時間：20～30 分鐘

所需器材：科學思路桌遊之科學家卡數套

活動流程

1. 將參與者分成小組。
2. 發給每個小組一套科學家卡，並請小組將所有科學家卡分成數堆，每堆至少有兩張科學家卡，討論該分類的標準。
3. 請各小組向其他小組分享自己組別的分類方式與分類結果。
4. 各小組依據所討論出的分類標準，將自己（小組成員）也依據此標準分類進科學家卡之中。

延伸思考

1. 就全班而言，一共用了哪些標準來把科學家分類？
2. 還能用什麼新的分類法來分類呢？

原來如此

其實科學家很多時候的工作都需要用到分類，例如，科學家會為生物進行分類，分類運用到的科學思維包括了歸納法和演繹法。

單元 3　如果電話亭

文／陳馬克

學習目標：瞭解科學知識在日常生活中的重要性以及缺乏科學知識可能造成的危險、促進課綱核心素養之身心素質與自我精進、解決問題能力等面向。

教師引導：中需求

活動說明：透過反思缺乏科學知識可能導致的情況來體認科學知識在日常生活中的重要性。

活動時間：20～30 分鐘

所需器材：新聞報導、科學思路桌遊之研究卡

活動流程

1. 所有人先閱讀以下新聞報導

> 英國 1 名 34 歲的女子，上個月在清理自家浴廁時，把漂白水和清潔劑混在一起來清洗浴室。只是過了幾分鐘後，現場發出強烈的氣味，女子聞了當場感到呼吸困難，最後失去意識，送醫急救後宣告不治。
>
> 根據《每日郵報》（Daily Mail）報導，這位名叫西摩（Leah Seymour）的女子，生前是在英格蘭東南部的某間洗車店工作。上個月 19 日，她原本和老闆約好碰面，但想說時間還沒到，於是就先清理自家浴廁。
>
> 在打掃浴室之前，西摩把漂白水和清潔劑混合一起。沒想到兩者混合之後，突然飄出刺鼻的氣味，當下西摩隨即感到呼吸困難。這時老闆正好抵達，他也聞到刺鼻的氣味，隨即找尋西摩下落。
>
> 老闆表示，當下西摩還能和他正常交談，但過幾分鐘後就整個人失去意識，他見狀立刻叫救護車送醫。醫護人員抵達時，不斷地對西摩施以心肺復甦術（CPR），並且全力搶救，無奈 4 天後仍宣告不治。院方初步判斷，西摩應該是聞到氣味後引發氣喘發作身亡。

得知西摩死亡的消息，她的母親非常崩潰，也呼籲大眾千萬別隨便混合清潔用品，以免憾事發生。先前就有專家提到，漂白水的成分是氯酸鈉，若和酸性物質混合的話會產生氯氣，氯氣會刺激粘膜，吸入後會導致呼吸困難和化學燒傷；若是發生在通風較差的環境，嚴重者是會致命的。

引用自 https：//news.tvbs.com.tw/world/1368886

分析：在這則令人傷心的新聞報導中，我們可以發現，在化學藥品廣泛被使用的現代生活中，若缺乏科學知識，進而對生活用品的危險性或使用注意事項缺乏認知，則可能對健康、財產甚至是生命造成威脅。

想一想，除了化學性的危險之外，生活中可能還有什麼因為缺乏物理、生物知識而可能導致的意外呢？

2. 每位參與者輪流進行以下動作：
   (1) 隨機抽出一張研究卡。
   (2) 說出如果自己不知道這項科學概念，生活中可能會遇到什麼困難或事故。
   (3) 聽眾給分：由聽眾對於 (2) 的陳述進行給分，分數最高者獲勝。

延伸思考

1. 分享曾經因為缺乏科學知識而讓自己陷入窘境的經驗？
2. 我們可以怎麼預防生活中與新聞類似的狀況發生？

單元 4　科學論述的演進

文／陳馬克

學習目標：分析過去科學家的研究論述來瞭解科學的發展與演進、促進課綱核心素養之邏輯思考、推理判斷等面向。

教師引導：高需求

活動說明：透過對科學論述文本的討論，實際體驗並認知到科學論述可以透過批判與推理而演進的。

活動時間：20 分鐘

所需器材：科學論述文本

活動流程

1. 活動引導者將三條科學論述發下給小組，請他們閱讀該論述，接著討論並找出論述中有哪些不合理或是與現今科學知識不符之處。
2. 引導者揭露其中哪些論述是由歷史上有名的科學家所提出的。
3. 引導者可以與參與者討論「科學演進中本來就會可能做出錯誤的假設」這個議題。事實上，許多科學論述的演進，跟孩童對於科學現象所得出的觀點的演進非常類似。

文本：論述一：DNA 結構是以磷酸在內側、含氮鹼基在外側的三股螺旋方式所排列。

論述二：物質在燃燒時，都會釋放出一種名叫燃素的成分，燃素為一切可燃物體的根本要素之一。當這些物質燃燒時，燃素便會被釋出，可能進入大氣中，或是進入可以與它化合的物質中並形成金屬。

論述三：地球是宇宙的中心，其他天體則是圍繞著地球轉動。

延伸思考

你還知道哪些知名科學論述到現在被證實為誤呢？

原來如此

　　科學研究者受到當時設備及技術的限制，在研究中有時會得出錯誤的結論也是在所難免，然而，我們也不能因此否定科學家對科學領域的貢獻，在後世被證明為誤的論述也並非沒有價值。

單元 5　科學知識王

文／張欣怡

學習目標：瞭解 30 個主要科學概念的基本知識、促進課綱核心素養之自我精進、推理判斷等面向。

教師引導：低需求

活動說明：利用科學思路 QR Code 卡牌與 APP，進行題目的回答。

活動時間：20 分鐘

所需器材：利用科學思路 QR Code 卡牌與答案卡牌數套、科學思路 APP、手機或平板、無線網路

活動流程

1. 將參與者分成小組，每組 3 ～ 5 人。

2. 發給每小組一套科學思路桌遊中的研究卡（即印有 QR Code 的卡牌 30 張）、以及一人一份答案卡牌（印有 A、B、C、D 共四張為一份）。研究卡任意洗牌後疊成一堆放中間，有 QR Code 的那面朝下。

3. 下載科學思路 APP，可以每人皆下載或是一組僅需一台裝置下載此 APP，科學思路 APP 的下載管道有二：

    (1) 至 App Store 搜尋「科學思路」並下載安裝
    （此版本僅適用於 iOS 系統）

    (2) 至 Google Play 搜尋「科學思路」並下載安裝
    （此版本僅適用於 Android 系統）。

    註：使用科學思路 App 需要網路。

4. 由年紀最小的人成為起始玩家，任意抽取一張研究卡，開啟科學思路 APP 並掃描研究卡上的 QR Code，並由抽取卡片的玩家將題目和選項唸過一遍。

5. 按下 APP 的倒數按鈕，倒數時間結束時，所有玩家利用答案牌，顯示自己認為的答案。

6. 按下 APP 的解答按鈕，答對者皆可得一分。

7. 換下一位玩家抽取研究卡，按上述流程進行遊戲。直至研究卡牌皆用盡（或是限定的時間內），遊戲即結束。得分最高者為小組科學知識王。

註：科學思路 APP 有更換題目功能，更換題目功能適用於第二次以上進行桌遊者以避免同一題目重複出現的情形，或者供某些玩家想要選取對自身有利的題目。若需要更換題目，在掃描完 QR Code 出現題目畫面時，可按下更新鍵（畫面右上方之旋轉鈕）來更換題目。目前共 30 張研究卡、每張有三套可以更換的題目。未來將持續增加與更新題庫。

延伸活動

請小組的科學知識王經驗分享：有什麼答題策略？以及如何在日常生活中培養豐富的科學常識？

NOTE

第 4 篇

核心素養——溝通互動篇

具備溝通互動能力為二十一世紀公民一項很重要的素養，108課綱的溝通互動面向包括了符號運用與溝通表達、科技資訊與媒體素養、藝術涵養與美感素養。那麼，在自然科領域，要怎麼促進學生溝通互動的能力呢？來試試本篇的五個活動吧！

單元 1　畫科學家

文／張欣怡

學習目標：瞭解與檢視個人對於科學家的意象與概念、促進課綱核心素養之符號運用與溝通表達、藝術涵養與美感素養等面向。

教師引導：中需求

活動說明：繪製科學家圖像，探討對於科學家可能的刻板印象或迷思以及這些想法與意象的可能來源。先進行個人繪圖、再進行小組歸納。

活動時間：20～30 分鐘

所需器材：紙張、色筆

活動流程

1. 每個人拿一張白紙，針對以下任務進行繪圖：

   「在你的想像或是印象中，『科學家』長得是什麼樣子呢？請想像一位科學家，以及想像該位科學家如何從事科學工作，將你所有的想法在紙上以繪圖的方式繪出。」

2. 待每個人繪圖完畢後，以三到四人為一組，在小組內，觀察與比較每個人的繪圖，歸納：在所有小組成員的繪圖中，(1) 共同都有的特徵有哪些？(2) 哪些特徵你覺得很有創意？(3) 哪些特徵你覺得是科學家或科學工作的刻板印象？這些刻板印象的可能來源為何？

原來如此

「畫科學家」測驗（Draw-a-Scientist-Test, DAST）是一項流傳已久且可以簡單進行的測驗工具，係美國學者 Chambers 受到了一個早在 1957 年就有的研究之啟發，而在 1983 年發表了針對接近五千位的美國、加拿大學童實施這個測驗的結果，這個測驗後來被多國的學者採用與實施直至今日，一個台灣的新近研究（Chang et al., 2020）統整與歸納所有使用這個測驗的研究結果，發現最常見的科學家意象是

一位男性、戴著護目鏡與穿著實驗袍獨自地在實驗室工作，不論是哪種文化下的學童大多對科學家有著這樣的意象，且男生以及年齡較長的學童愈可能有這樣的意象；不過愈接近現代的研究，則發現學童對於科學家有著更多元的意象。

延伸思考

1. 瞭解個人對於科學家與科學工作的意象與概念，跟科學的學習有什麼關係呢？有沒有可能因為具有對於科學家的哪些刻板印象，而阻礙了科學學習的動機呢？

2. 在你的身邊，你是否認識「非典型」的科學家呢？

3. 其實有很多的科學工作並不一定是在實驗室進行，你可以舉出哪些例子呢？

4. 另外，科學家也常常需要共同合作，你知道有哪些偉大的科學工作是經由團隊合作累積而成的呢？

5. Chang 等人（2020）的研究發現，影響與形塑學童對科學家印象的來源，主要是正規教育以及大眾媒體，你能舉出哪些例子呢？

參考文獻

- Chambers, D. W. (1983). Stereotypic images of the scientist： The draw-a-scientist test. *Science Education*, 67, 255–265. https：//doi.org/10.1002/sce.3730670213
- Chang, H.-Y., Lin, T.-J., Lee, M.-H., Lee, S. W.-Y., Lin, T.-C., T, A.-L., & Tsai, C.-C.* (2020). A systematic review of trends and findings in research employing drawing assessment in science education. *Studies in Science Education*, 56, 77-110. http：//dx.doi.org/10.1080/03057267.2020.1735822

單元 2　比手畫腳

文／林君耀

學習目標：認識科學家、促進課綱核心素養之符號運用與溝通表達等面向。

教師引導：低需求

活動說明：抽取科學家卡，進行模仿該科學家的即興表演或比手劃腳猜謎活動。

活動時間：20 分鐘

所需器材：科學思路桌遊之科學家卡

活動流程

1. 挑選一個人擔任出題者。

2. 出題者從科學家卡中挑一位科學家或是任意抽取一張科學家卡。

3. 做出任何與該位科學家有關連的動作，或是以比手畫腳或任何有創意的方式（但不能講話），使其餘的人能講出該科學家的名字。

4. 其餘的人猜測出題者表演的是哪一位科學家。

5. 換下一個人擔任出題者。

6. 人數夠多時，可以分成兩隊，在限定的時間內，看哪一隊猜出的科學家名字愈多。

延伸思考

大家習慣從科學家的哪些特徵去猜測呢？名字？外型特徵？做過的事情？

單元 3　科學知識大 PK

文／林君耀

學習目標：認識與回憶科學定律、學說或概念、促進課綱核心素養之運用圖表表達、呈現發現成果、與人際關係與團隊合作等面向。

教師引導：低需求

活動說明：將學生分成兩隊，使學生思考還有哪些研究圖板上沒列出的科學定律、學說或概念，將它們寫在便利貼上並貼於各自的研究圖板上。

活動時間：10～15 分鐘

所需器材：科學思路桌遊之兩個研究圖板、便利貼、筆

活動流程

1. 使學生倆倆猜拳分成兩隊，贏的一隊，輸的一隊。
2. 給予兩隊便利貼。
3. 兩隊分別在便利貼上寫下尚未出現於研究圖板上的科學定律、學說或概念，計時 10 分鐘。
4. 時間到時兩隊交換彼此的研究圖板並檢查便利貼上的定律、學說或概念是否正確。

延伸思考

1. 將研究圖板翻到背面,現在的你還記得哪些便利貼上的定律或學說?
2. 你知道研究這些定律與學說的科學家分別是誰嗎?

原來如此

科學學說(scientific theory)是用來解釋為何某些事情會發生,而科學定律(scientific law)則是聚焦在描述發生了什麼事,兩者皆經過了嚴謹的科學實驗與驗證,並能夠預測科學現象。一個科學學說可能包含數個科學定律。相較之下,科學假說(scientific hypothesis)則是尚未或正在進行驗證的想法或理論。

單元 4　誰是科學家？

文／張欣怡

學習目標：瞭解科學家進行的工作與人格特質、體認到科學家就在我們身邊而非遙不可及、促進課綱核心素養之符號運用與溝通表達、資訊科技與媒體素養等面向。

教師引導：高需求

活動說明：查詢科學家資料、練習撰寫科學家訪談綱要與邀請信函。

活動時間：30～50分鐘

所需器材：紙、筆、電腦、網路、線上會議軟體

活動流程

1. 建議進行本單元之前，可以先進行本書第4篇單元1的「畫科學家」活動，先探討大家對科學家的印象。

2. 將參與者分成小組，3～5人為一組。小組內上網尋找所在地理位置附近或是小組成員認識的科學家。科學家工作的單位通常是各大學的理工學院、公私立的研究機構（例如：中研院、國衛院）、政府單位（例如：科技部、環保署、農委會等）、或是業界公司（例如：科技業、通訊業、醫藥業、生技業等）。

3. 經由搜尋與瀏覽相關的網頁內容，或是小組成員的舉介，小組選出2位想要進一步訪談與瞭解的科學家，選擇的標準可以是，對該科學家的工作內容或是學經歷有興趣、或是小組成員的朋友或家人等。

4. 以所選擇的科學家為對象，小組成員共同撰寫訪談綱要。預設的訪談方式是透過線上訪談，例如：使用線上會議軟體如 Google Meet 或 Skype。訪談時間建議不要超過15分鐘。

5. 訪談綱要需先列出主要的訪談目的一至兩項即可，例如：想要瞭解這位科學家的工作內容與他/她為什麼會對這工作有興趣；接下來以第一和第二人稱的方式，一一列出想要問的題目細項，例如：請問您這份工作主要是在做什麼？這份工作當初吸引您的地方是？做了以後是否有跟您想像不一樣的地方？會給對這項工作有興趣的求職者的建議是？題目細項經統整後以具有邏輯的方式呈現，建議不要超過八題。

> **訪談綱要**
> 訪談對象：
> 訪談方式：透過線上會議軟體
> 訪談時間：約十五分鐘
> 訪談目的：
> 訪談題目：
> 1.
> 2.

6. 小組成員討論與撰寫自我介紹與邀請信函。自我介紹的部分，請簡要敘述自己以及想要進行此訪談的動機、並指出為何想要邀請該位科學家。邀請訪談的部分，請清楚說明預計的訪談方式、訪談時間與訪談內容。結語的部分，可以表現出期待回覆但是不要強迫、也要記得給選項，例如：可以說明若是科學家不方便接受此訪談邀請也沒有關係、不要指定訪談的時間（應該是與接受邀請後的訪談者共同協商方便的時間）、不要用「指使」或「命令」句，如：「請在三天內回覆」這樣的命令句需要修改，可以改成「我們期待您的回覆」。

7. 進行組間互評或是教師回饋。將完成的訪談綱要與邀請信函與其他小組交換互相給予修改建議、或是交由教師進行審閱與回饋。

8. 完成後，選定第一順位（最想瞭解）的科學家進行邀請，靜待回覆。若第一順位邀請未成功不要氣餒，可以進行接下來順位的邀請。

9. 後續活動：訪談完成的組別，分享訪談內容與心得。例如：科學家的那些工作或人格特質跟原本想像的不一樣？最令人印象深刻或是驚訝的部分有哪些？

原來如此

　　在高科技的時代，人與人之間的聯繫變得很方便，往往在彈指之間、幾秒之內，訊息就可以傳遞出去並被指定的人收到，然而需要更加留意的是，所發出的訊息是否可能含有不當的字眼或是過分的要求？因此，在這個講求效率與快速流通的資訊時代，基本的文字溝通與媒體素養從小便需要開始培養，否則得罪人而不自知，輕者造成人際關係不佳、重者丟失工作機會甚或慘遭提告罰鍰的大有人在。

　　本單元的活動便是希望能培養學生的文字溝通與媒體素養。能寫出不論用字遣詞或是實質內容皆有禮貌的書信，一生受用。因此，即使將本活動變成模擬練習，亦即不用真的寄出與邀請，也是一個很好的練習與培養活動。另外，在有時間以及允許的情況下，還是非常建議邀請與進行科學家訪談。過去的研究指出，不少學生對科學家有著「科學怪人」的刻板印象、或是認為自己不夠優秀無法成為科學家，這些既定的印象可能都會阻礙一個人的興趣培養與志向發展，因此，透過與科學家接觸與訪談，能讓學生體會與瞭解真正的科學家及其所做的工作，除了培養學生的溝通表達能力，也可能為社會發掘了明日之星的未來科學家！相信這也是現職科學家們樂見之事。

單元 5　科學家的歷史定位

文／張欣怡

學習目標：思考與討論某位科學家在研究圖版的位置、促進課綱核心素養之符號運用與溝通表達、呈現發現成果等面向。

教師引導：高需求

活動說明：找出沒有在科學思路桌遊卡片中的科學家、在科學思路桌遊的研究圖板上幫該位科學家定位。

活動時間：30～50 分鐘

所需器材：科學思路桌遊研究圖版、科學家卡、答案牌卡、便利貼、電腦、網路

活動流程

1. 將參與者分成小組，3～5 人為一組。每小組發給一疊便利貼、一張科學思路桌遊研究圖版、一組答案牌卡（A、B、C、D 各一張）以及一套科學家卡。

2. 小組內成員參考科學家卡，腦力激盪還有哪些科學家沒有出現在這三十張科學家卡內，將所想到的人名寫在便利貼上，一張便利貼寫一個名字。若無法由腦力激盪想出那三十張科學家卡以外的科學家，可以上網查詢。帶領活動者 (或裁判) 宣布此部分時間為 10 分鐘。

3. 十分鐘時間到，帶領活動者（或裁判）請各小組停止搜尋與增加額外科學家人名，並開始就組內所列出的科學家，一一討論該位科學家應該在研究圖板上出現的位置，討論好後將該位科學家的便利貼貼在該位置上。小組可以上網查詢相關資料以決定科學家的定位。裁判待每小組張貼完成所有其所討論的科學家於研究圖板上的定位。

4. 請各小組輪流向所有人報告，所列出的科學家、其在研究圖板上的定位、以及定位的原因（依據所提出的理論？年代？或是其他原因）。用猜拳決定各小組報告的順序，贏的先報告。一組一次只能報告一位科學家、報告完後輪下一組報告，每一組報告的科學家不能和之前已經報告過的科學家重複。

5. 當某一小組報告的科學家，在其他組亦有列出該位科學家時，該小組報告完畢後，裁判請其他亦有該位科學家的小組，針對該小組報告內容進行評分，完全贊同所報告內容舉答案牌卡 A 則該報告小組得 4 分、大部分贊同則舉 B 牌卡（3分）、小部分贊同則舉 C 牌卡（2分）、不贊同則舉 D 牌卡（1分）。小組於該次報告所得分數為所有舉牌的加總。因此，若是選擇大眾愈有可能知道的科學家先報告、愈能得到高分。

6. 若某小組報告的科學家，其他組皆無，則由裁判進行舉牌給分，裁判完全贊同所報告內容舉答案牌卡 A 則該報告小組得 8 分、大部分贊同則舉 B 牌卡（6分）、小部分贊同則舉 C 牌卡（4分）、不贊同則舉 D 牌卡（2分）。裁判舉牌的分數較高，是給予能想到獨特科學家的小組額外的積分。小組可將愈獨特的科學家留至愈後面報告，以賺取最後獲勝或翻盤的機會。

7. 所有小組均報告完其所列出的所有科學家後遊戲即終止，各組計算所得總分，分數最高的組別獲勝。

原來如此

　　本活動除了可促使參與者對科學思路桌遊之科學家卡以外的科學家及其理論進行搜尋與瞭解，亦可以訓練參與者的圖形表徵能力（將所理解的科學家及其理論轉化為可在研究圖板上表徵的空間位置）、以及口語表達能力（向所有參與者分享其發現成果）。

NOTE

第 5 篇 核心素養——社會參與篇

自然科也需要培養學生進行社會參與嗎?答案是肯定的。尤其在現代我們面臨的諸多問題,例如:核能發展、基因工程、或是衛生醫療等議題,都是需要同時考量科學證據與社會倫理等面向,面對這些複雜議題的思考與推理方式、以及積極參與社會議題的態度,需要從小就開始培養!那在自然科要怎麼培養學生進行社會參與的能力與態度呢?本篇的五個活動提供了一些資源和例子。

單元 1　小組合作對抗他人

文／林君耀、陳馬克

學習目標：認識科學家和相關的科學概念、促進課綱核心素養之人際關係與團隊合作等面向。

教師引導：低需求

活動說明：將科學思路桌遊原本組內各成員競爭的遊戲方式，延伸遊戲規則變成組內合作、小組之間的對抗賽。

活動時間：額外 20 分鐘

所需器材：科學思路桌遊數套

活動流程

1. 每組 3～5 人，按照科學思路桌遊介紹的規則進行組內遊戲 20 分鐘。

2. 20 分鐘時間到，引導者可選擇以下任一新規則並宣布之：

   (1) 再 5 分鐘後，結算正確答對與完成研究圖版上生物領域最多的組別（黑色小圓片不算），將獲得最後勝利。

   (2) 再 10 分鐘後，結算各組平均獲得的點數，平均獲得點數最高的組別，將獲得最後勝利。

   (3) 再 10 分鐘後，結算各組平均聘僱的科學家人數，平均聘僱最多科學家的組別，將獲得最後勝利。

原來如此

　　本活動將原來小組內競爭的桌遊，轉變為需要小組內成員全作的遊戲，讓遊戲者思考合作的策略。

單元2　社會性科學議題推理

圖／文　張欣怡、吳安榆

學習目標：瞭解何謂社會性科學議題、能進行社會性科學議題推理以練習科學思維、促進課綱核心素養之道德實踐與公民意識、多元文化與國際理解等面向。

教師引導：高需求

活動說明：教師設定校園偵查點，學生下載軟體於校園進行輻射汙染偵查與社會性科學議題推理。

活動時間：50 分鐘

所需器材：桌上型電腦、平板電腦、網路

報名網頁

活動流程

　　你是否也曾經像許多鄉民一樣，在生活中遇到一些事，覺得難以決定，因此上網詢問大家的意見，然後再看看多數的意見為何來幫助自己下決定。但是，多數人支持的意見就一定沒問題了嗎？ 會不會變成人云亦云了呢？ 本活動提供了一個練習，希望幫助學習者能在所關心的議題上，同時考量多元的意見並進行科學思考。不過，這個活動需要在校園進行，也需要有教師進行事先的設定，準備好的話，請教師先閱讀以下前導說明，再跟著步驟進行設定與下載，如果您是教師對於這個活動非常有興趣但是需要一些技術支援或是有問題，歡迎跟本研究團隊聯絡，請掃描 QR Code 報名，會有專人跟您聯絡。

前導說明

　　輻射汙染議題為近年社會高度關注議題，假設在您的校園內傳說著某處有高劑量的輻射物質可能造成了輻射汙染，您會怎麼做呢？ 現在有兩個任務需要同學的幫忙，第一個任務是找出校園內哪裡是輻射汙染源，第二個任務則是進行校園虛擬人物的訪問與調查，來幫忙決定處理輻射污染的方案。教師根據以下步驟進行設定與下載後，學生就可以在校園內進行上面的兩個任務了。

第一部分：教師後台準備

1. 教師至「輻射課程設定後台」註冊教師帳號以建置輻射課程活動及學生帳號。

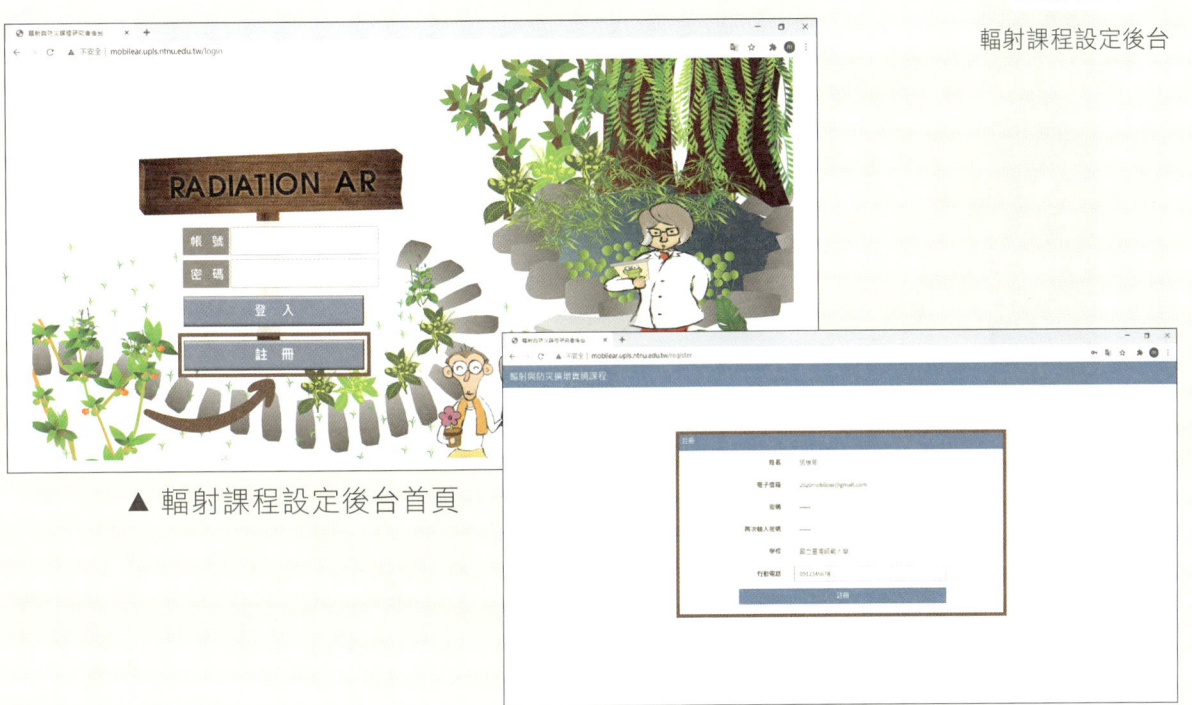

輻射課程設定後台

▲ 輻射課程設定後台首頁

▲ 註冊頁面

2. 點選註冊後，系統跳至總覽頁面，點選右側「上傳地圖」。

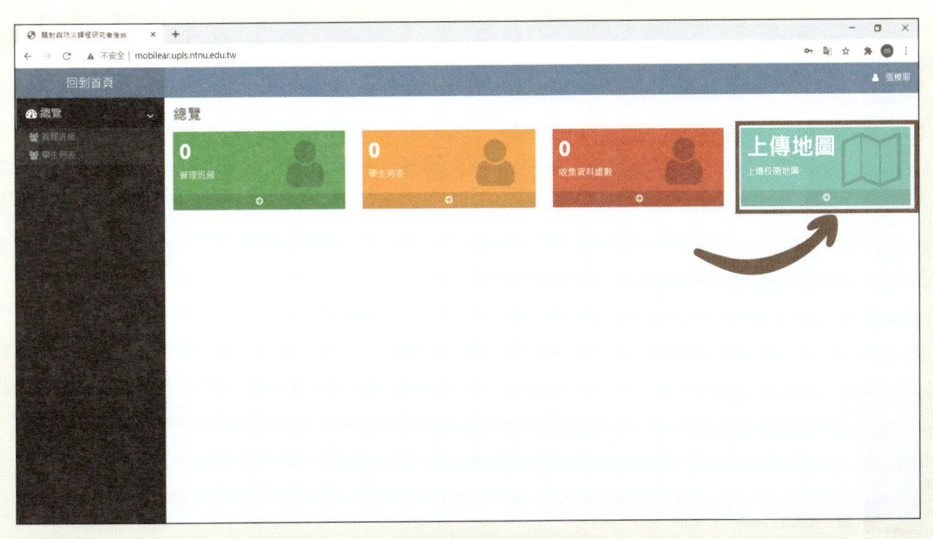

▲ 總覽頁面

3. 輸入班級名稱並上傳學校的地圖，在下方欄位分別輸入地圖左上、右上、右下、左下四個點的經緯度座標值（各點座標值可經由 google 地圖網址列取得）。

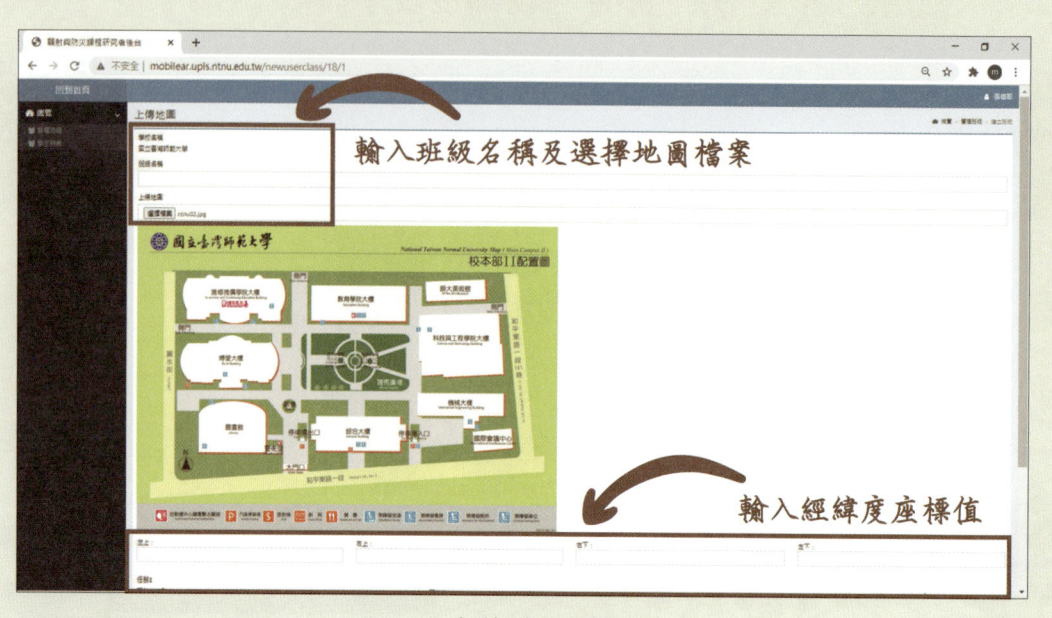

▲ 上傳地圖頁面

4. 在地圖上點出輻射中心點並在欄位輸入想要設定的輻射值（單位：微西弗），此即為任務一學生需要找到的輻射污染源。

5. 在任務二，學生需要到校園查訪相關虛擬人物，包括化學老師、生物老師、地科老師、居民、建商、環保署人員，請教師在地圖上點按來設定這六位虛擬人物的位置，完成後送出。

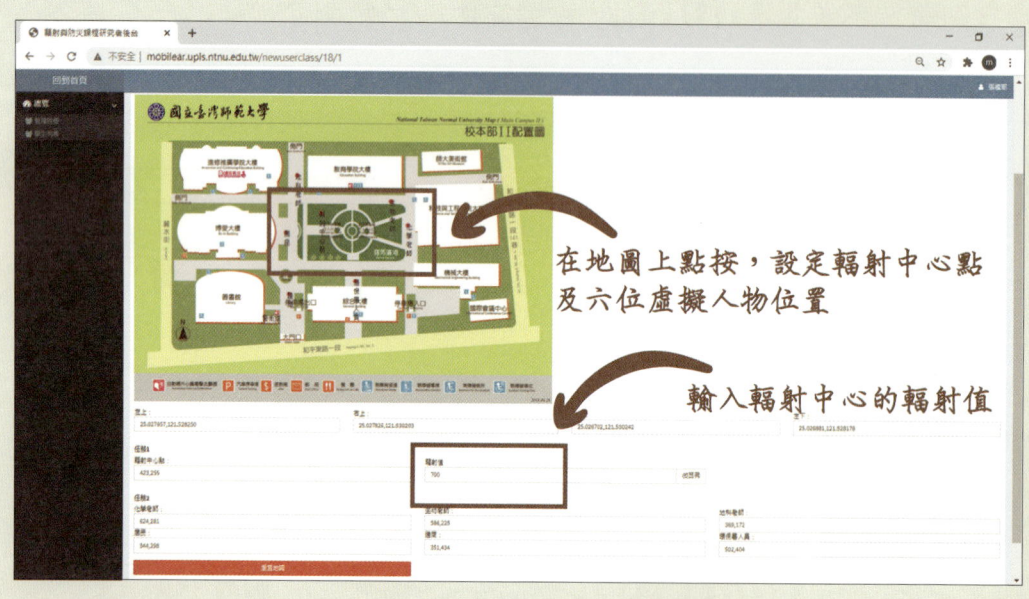

▲ 輻射中心點及虛擬人物設置

6. 至管理班級內點進該班級，點選「新增學生」，輸入所需學生帳號之數量及帳號開頭，送出後系統即自動產出學生在平板端登入用帳號及密碼。

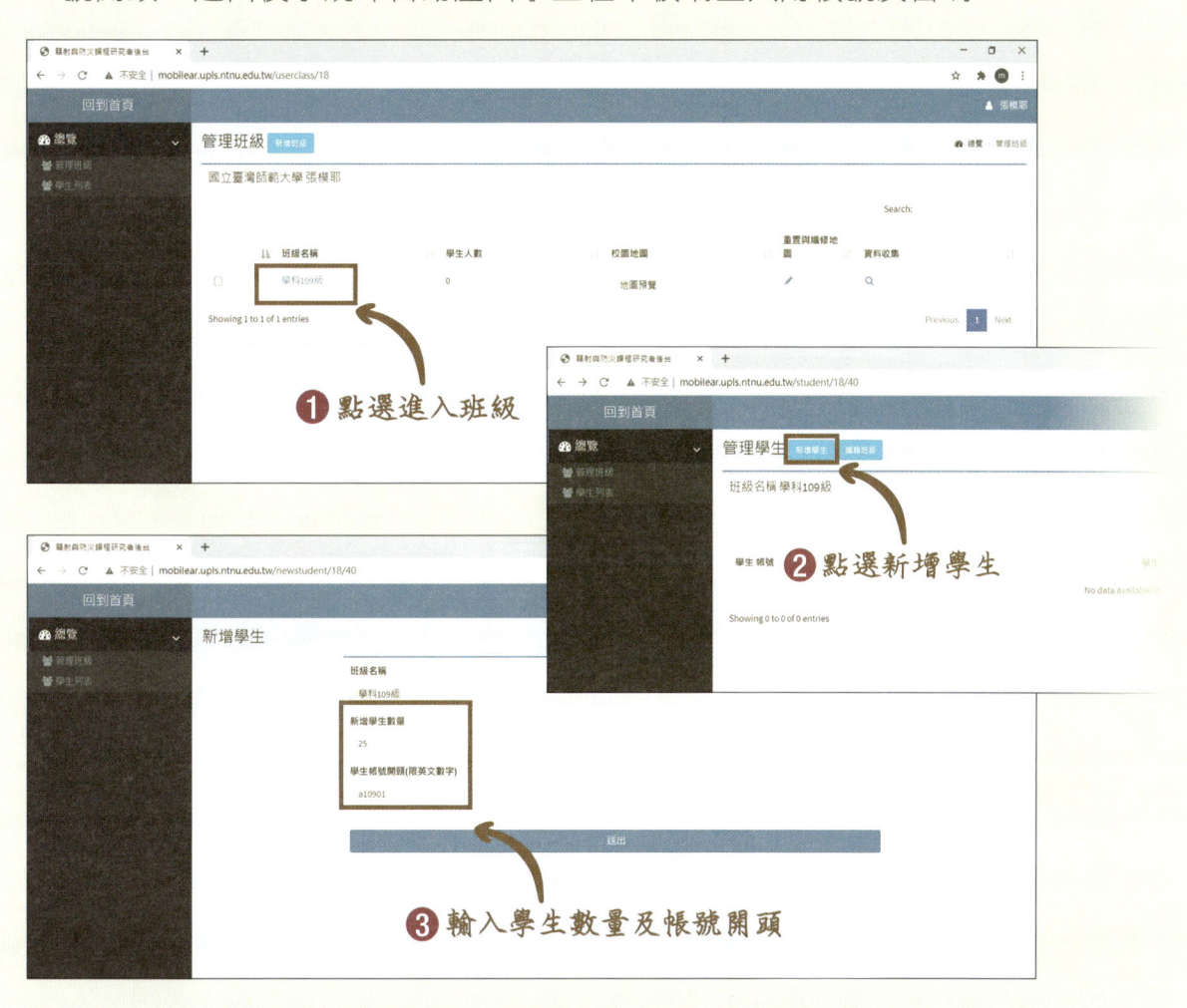

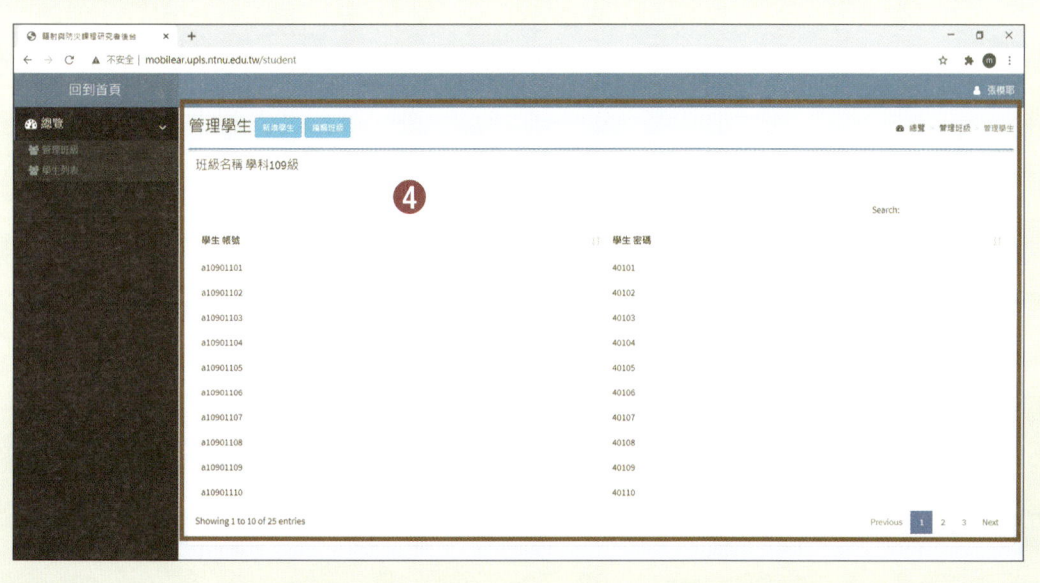

❶ 點選進入班級

❷ 點選新增學生

❸ 輸入學生數量及帳號開頭

❹

第二部分：學生使用平板或手機（僅限 Android 系統）進行校園偵查

1. 使用平板掃描 QR Code 以安裝 AR game APP，在網路環境下使用系統產出之學生帳號登入。如安裝遭封鎖，需至設定打開「允許安裝未知的應用程式」。

AR game APP

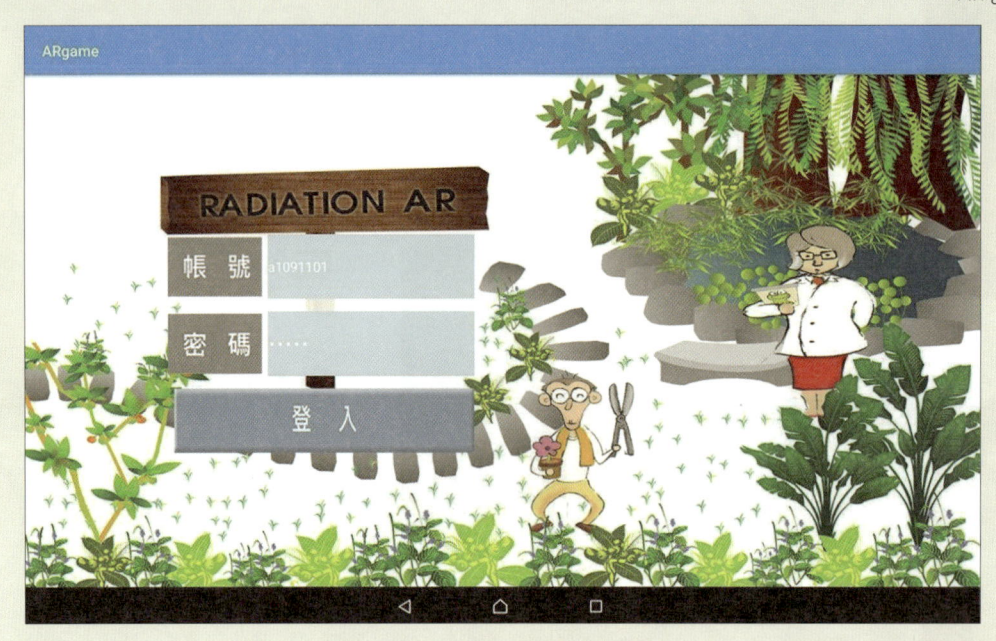

▲ AR game APP 首頁

2. 登入成功後即可在沒有網路的環境下，經由 GPS 定位，至校園進行偵查活動。

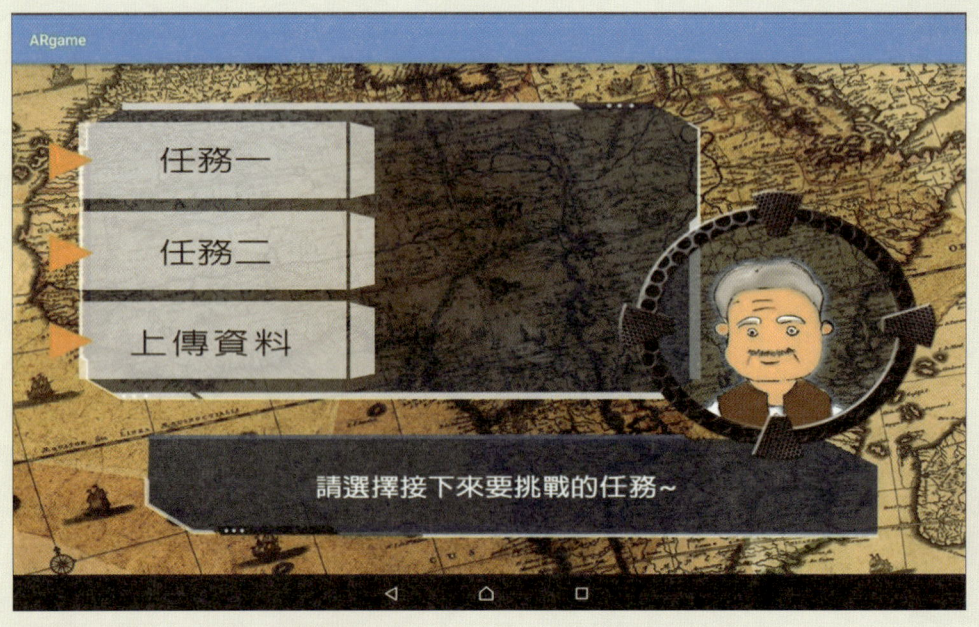

▲ AR game APP 任務選擇頁面

3. 任務一：找出本校受到輻射汙染的地點及劑量，學生帶著平板至校園各處，按下軟體頁面右下方的輻射探測器「偵測」，即可得知該地點的輻射值（為圖中的小圓點，圓點的顏色經比對右上方的顏色圖例即可推估輻射值）。看看學生是否能找出校園中哪處的輻射值最高？

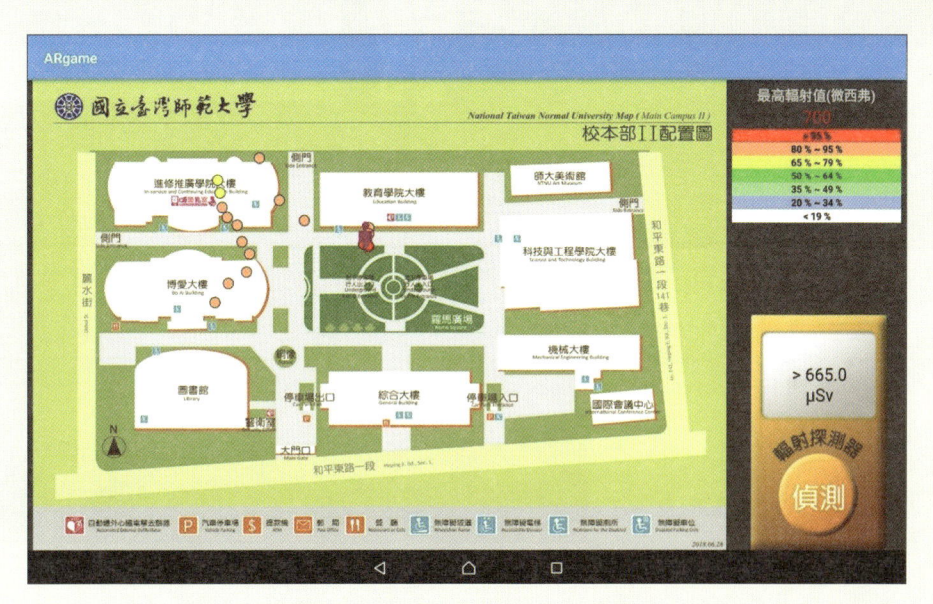

▲ AR game APP 任務一頁面

4. 完成任務一後，返回上一頁進入任務二：校園訪問與調查。學生可在地圖上看見六個紅點，每個紅點都是一個虛擬人物，學生帶著平板移動至該位置，則平板螢幕會跳出虛擬人物及其對話，學生藉由每位虛擬人物的對話與互動（以點選方式詢問他對於處理輻射汙染四個不同方案的看法）得到不同面向的想法及資訊。

▲ AR game APP 任務二頁面

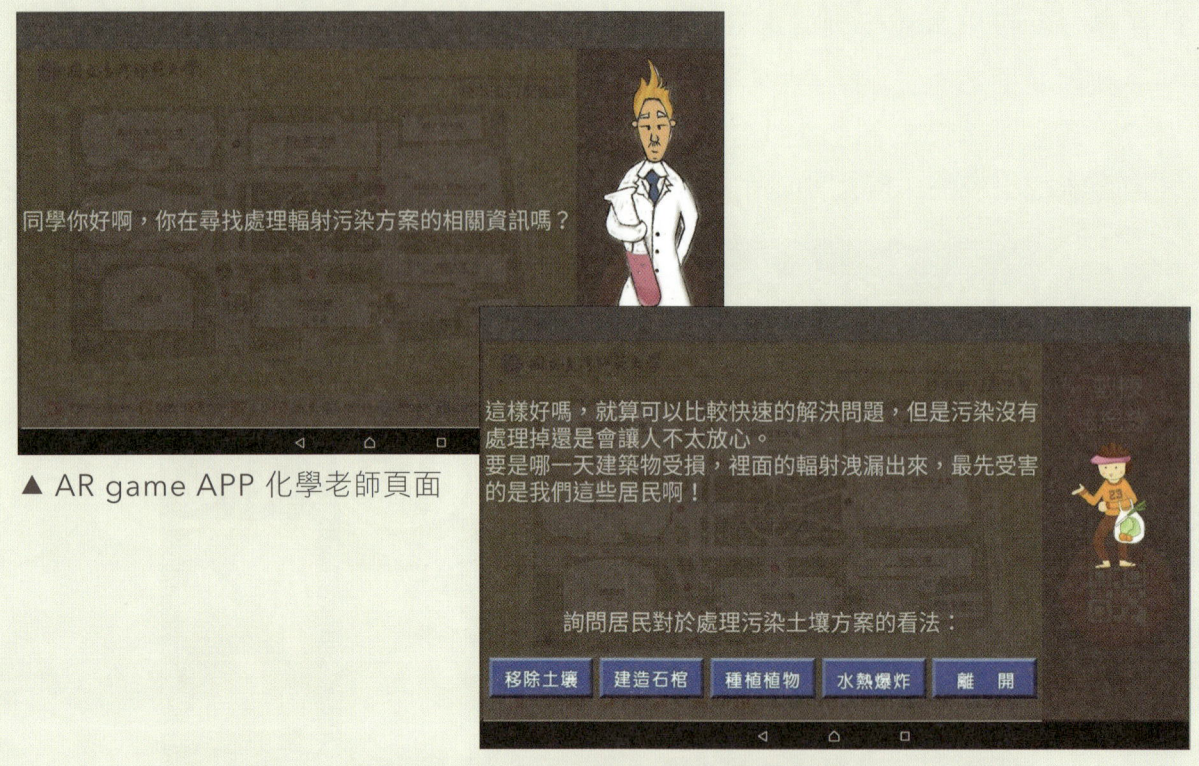

▲ AR game APP 化學老師頁面

▲ AR game APP 居民頁面

5. 遇過的虛擬人物，紅點會轉呈黑點，並且可點選右上角的數據 & 紀錄，回顧虛擬人物提供的資訊內容。

第三部分：回到教室進行社會性科學議題推理

可將學生分為 3～4 人一組，彼此分享校園偵查與虛擬人物訪查的資訊與結果，並請學生進行以下步驟與回答下列問題：

1. 解決輻射污染目前有四個方案，包括：移除土壤、建造石棺、種植植物與水熱爆炸。請根據你在校園偵查所蒐集到的資訊，分別針對這四個方案，討論它的耗時、效果、花費、居民觀感。若有需要，可以上網查詢相關資料。

2. 根據你的討論，你會選擇哪一個解決方案呢？為什麼？請說明理由。

原來如此

◎ 社會性科學議題

指的是具有爭議的社會議題，但解決這樣的社會議題跟科學有關，例如：需要進行科學調查或提出科學證據來幫助大家思考議題的解決辦法。常見的社會性科學議題包括全球氣候變遷的相關議題、基因改造食品安全議題、以及核能發電議題等等，這些議題的考量，需要同時顧及社會大眾的觀點以及科學證據，缺一不可。

◎ 社會性科學議題推理

指的是能考量多個不同的方案、理解問題的複雜度、接納多元觀點、指出需要科學調查之處、以及理解不同角色的衝突之處等能力與態度，能考量這些面向並權衡輕重以進行推理，就是具備了社會性科學議題推理能力。

單元 3　社會性科學議題推理評量

文／蔡姿婷、張欣怡

學習目標：瞭解社會性科學議題推理的評量方式與評分標準、促進課綱核心素養之系統思考與解決問題、道德實踐與公民意識等面向。

教師引導：中需求

活動說明：進行「社會性科學議題推理評量」的實際練習與自評。

活動時間：20～30 分鐘

所需器材：紙、筆

活動流程

1. 以下評量翻譯自 Sadler, Barab and Scott (2007)。請先試著回答各題目以進行「社會性科學議題推理評量」的實際練習。也可以兩人一組，各自閱讀題目後一同討論以下各問題的答案。將你（們）的答案寫下來。
2. 請閱讀情境並回答問題。

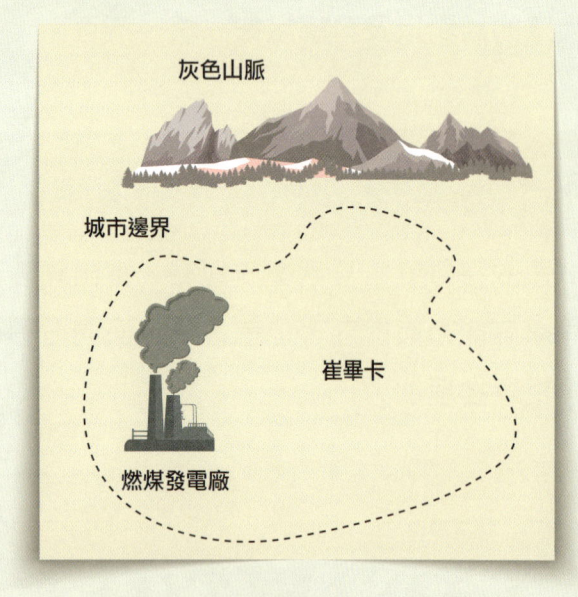

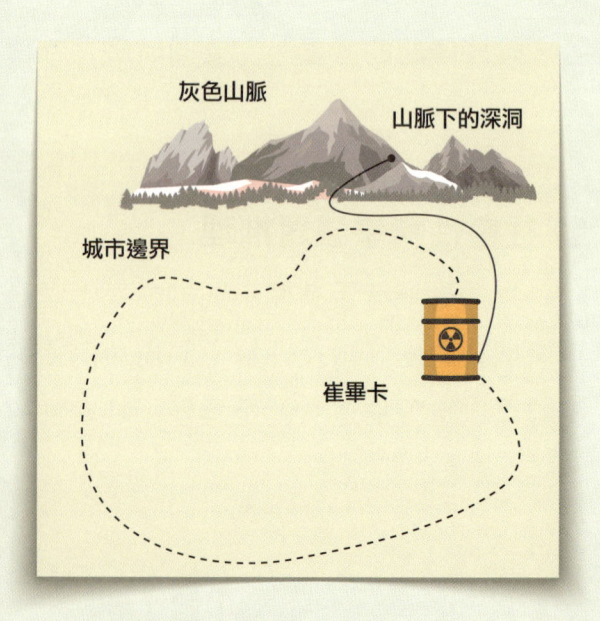

▲ 崔畢卡地區當前的地圖　　　　▲ 崔畢卡地區建議後的地圖

崔畢卡是一個位於灰色山脈旁邊的大城市。崔畢卡所有的電力來自燃煤發電廠。因為崔畢卡地區附近有很多煤礦，所以燒煤對崔畢卡城市來說是相對便宜的能源發電，但燃燒煤炭產生大量的空氣污染，使該城市違反空氣污染條款，被環境保護署罰款。崔畢卡市長建議興建一座核電廠以解決這持續存在的問題。核電廠將供應城市發展所需要的全部能源，並可消除所有的燃煤空氣污染。然而核電廠的問題之一是生產放射性核廢料。市長計劃將核廢料存儲在灰色山脈下的深洞。

　　當地公民團體考量事故風險和儲存核廢料問題，因此反對核電廠。公民團體關注的是崔畢卡居民的健康和周圍的生態系統。市長和團體領導者正努力思考這些問題。

請依照上述案例回答以下問題：

(1) 請用自己的話解釋該城市目前遭遇的問題為何？

(2) 你認為該問題很難解決嗎？為什麼很難解決（或是為什麼不難解決）？

(3) 根據上述資訊，你認為該城市應該有何決定或建議？為什麼？

(4) 你認為有人會不同意你的解決方案嗎？你如何回應這些批評？

(5) 在最後決策前還需要什麼額外的信息或調查嗎？

(6) 在核電廠問題市民大會上，有兩組專業科學家。一組科學家由市長邀請，另一組科學家由公民團體所邀請。你覺得兩組說法可能會有何不同之處？

3. 以上的六小題分別評量了「社會性科學議題推理」的六個面向：對問題的理解、對問題複雜度的理解、對方案的考慮、對多元觀點的認知、能指出需要進行調查之處、與能理解可能的角色衝突。表中列出了各面向的評分標準、範例與分數。

面向	分數	評分標準
對問題的理解		**(1)請用自己的話解釋該城市目前遭遇的問題為何？**
	0	• **學生對問題理解單一思考** 例如：空氣汙染
	1	• **學生對問題理解多項思考且正確** 例如：城市附近有很多煤礦，可以將燒煤作為主要發電，不過燒煤會對空氣造成很大的汙染。所以決定採用核能發電，並將核廢料存放於山中。後來當地公民因為考量到了事故風險及核廢料的問題而反對核電廠，使得市長和團體領導者不斷的苦思
複雜		**(2)你認為問題很難解決嗎？為什麼很難解決？（或是為什麼不難解決）**
	0	• **未覺知問題的複雜性** 例如：不難，只要不用核電發電就好
	1	• **覺知到問題的複雜性，但無充分適當的理由** 例如：很難解決，因為用核能發電可能會發生問題
	2	• **覺知到問題的複雜性，並提出適當的理由** 例如：很難，因為燃煤發電廠會照成空氣汙染；而核電廠會有核廢料
方案考慮		**(3)根據上述資訊，你認為該城市應該有何決定或建議？為什麼？**
	0	• **當選擇方案時，只考慮一個方案** 例如：把燃煤發電廠打掉，因為不會有空氣汙染
	1	• **當選擇方案時，考慮到所有方案** 例如：不要蓋核電廠，因為如果核電廠沒蓋 好處：不用為了核廢料再擔心 壞處：我們就沒有穩定的電力給我們用

面向	分數	評分標準
多觀點		**(4) 你認為有人會不同意你的解決方案嗎？你如何回應這些批評？**
	0	• 無意識到有不同的觀點，認為自己的決定正確 　　例如：沒有人不會同意我的解決方案；用這方案去做是正確的
	1	• 意識到有不同的觀點，但無針對不同的意見回應 　　例如：一定有人會不同意我的解決方案，但對於別人的回應我不予批評
	2	• 意識到有不同的觀點，並針對對方意見回應 　　例如：會，跟他們說核能發電廠的危險
調查		**(5) 在最後決策前還需要什麼額外的信息或調查嗎？**
	0	• 沒有意識到需要調查 　　例如：不需要
	1	• 認為有必要進行調查，但沒有發現或僅隱約指出需要什麼調查 　　例如：找資料
	2	• 認為有必要進行調查，並明確指出需要調查之處 　　例如：要想想看核廢料放置灰色山脈，會不會對那邊居民的動植物有所影響
角色衝突		**(6) 電廠市民大會上，有兩組專業科學家。你覺得兩組說法有何不同？**
	0	• 僅提到無關的或個人的想法，沒有考慮不同群體的影響 　　例如：沒有人不會同意我的解決方案；用這方案去做是正確的
	1	• 認為衝突的利益群體會選擇不同的建議，但沒有討論這些群體可以接受的理由 　　例如：市長會以對國家有利的方案，則公民團體會以健康為準
	2	• 認為衝突的利益群體會選擇不同的建議，並為這些群體討論可以接受的理由

4. 利用所提供的評分標準,自評一下看自己所列的答案會得幾分?反思與討論,有哪部分是之前沒想到?要如何增進自己的社會性科學議題推理能力?另外,也可以討論評分標準有無可以修改之處?

原來如此

常見的社會性科學議題可以分為三個主要類別,其中常見的主題整理如下表。

社會性科學議題類別	主題
環境與生態保育	全球暖化 生態敏感區與開發 環境開發與生態保育 外來物種 撲殺流浪狗議題
能源的利用	火力發電與氣候 能源選擇—火力與核能 核能輻射汙染 能源開發 核能發電
醫學和生物科技	基因遺傳工程 基因改造食品 臍帶血與基因治療 器官捐贈

參考文獻

- Sadler, T. D., Barab, S. A., & Scott, B.（2007）. What do students gain by engaging in socioscientific inquiry?. Research in Science Education, 37（4）, 371-391.

單元 4　以科學論證法分析新聞議題

文／張欣怡

學習目標：瞭解科學論證的方法並體會日常生活中可應用科學論證法來參與及評論社會大眾關心的議題或新聞、促進課綱核心素養之推理判斷、溝通表達與關心環境與公共議題等面向。

教師引導：中需求

活動說明：學習科學論證架構，並應用該架構進行新聞議題的評析。

活動時間：20～30 分鐘

所需器材：紙、筆

活動流程

1. 「科學論證」是一種說話與思維的方式，練習科學論證可以培養自我的推理判斷與溝通能力，並進一步幫助我們提出強而有力的觀點與看法。閱讀並理解以下段落與附圖以學習何謂科學論證方法與架構。

    科學論證是一種常見的科學對話，也是科學思維的展現。目前常用的科學論證方法係根據 Toulmin（1958; 2003）所提出的論證架構（Toulmin's Argument Pattern, TAP），如圖所示。這個圖要從「宣稱」看起，當某人或某文章提出了一個主張或意見，這個主張或意見就是一種宣稱，一個有科學根據的宣稱，需要提供由資料而產生的證據以及理由，也就是說，一個有科學根據的宣稱會是像這樣的句子：「因為根據…（某項資料）作為證據，所以我認為…（宣稱），理由是…」。

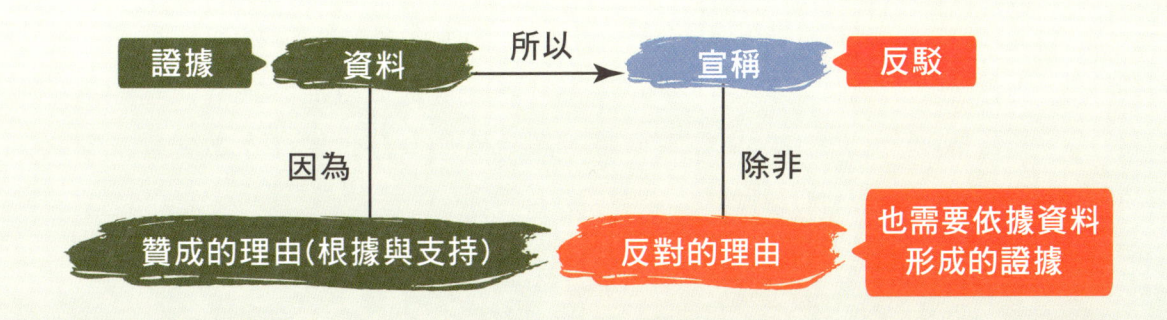

證據 → 資料 → 所以 → 宣稱 → 反駁

因為 ↓　　　　　　　除非 ↓

贊成的理由(根據與支持)　　反對的理由　　也需要依據資料形成的證據

在這個多元的現代社會中，不同人對於同一件事情可能會有不同的觀點，因此，某人主張的一項宣稱可能會有人予以反駁，若能根據科學的方法來進行反駁，就是採用了科學論證的方法。如圖所示，一個反駁也是一種宣稱，但是它與原來的宣稱持不同的立場或意見，而這個反駁也需要來自於資料以及根據其所形成的證據以做為反對的理由。

2. 根據以上段落與附圖，討論下列問題。
   (1) 如何產生一個有科學根據的宣稱？
   (2) 如何以科學的方法來進行反駁？
   (3) 什麼是證據？常見的證據來源有哪些？

3. 新冠病毒（Covid-19）自 2019 年底開始影響全世界，尤其是新冠無症狀感染者高達一成，如何有效地防止與降低新冠病毒傳播及其所造成的風險，變成一個重要的世界議題。在台灣，是否針對新冠病毒進行普篩，不同專家也曾有不同的意見。請閱讀以下文章並回答後續問題。

台灣疫情現況與國際不同，尚無普篩之必要

衛生福利部疾病管制署
發佈日期：2020-07-29

有關近期部分學者認為應針對所有入境台灣的旅客進行普篩，中央流行疫情指揮中心今（29）日表示，普篩或許可以發現無症狀者，但目前自國外入境者都需進行14天居家檢疫措施，無症狀者檢疫期滿後仍要再自主健康管理7天，已可有效防堵。至於國外發生無症狀者導致社區疫情蔓延，係因無落實14天的檢疫措施，或並未針對確診個案接觸者採取14天居家隔離措施等，與台灣現況不同。

指揮中心進一步指出，國內通報個案一旦確診後，不論是否有群聚，衛生單位皆會主動找出符合流行病學條件接觸者（含疑似無症狀或症狀前期感染者），並含括納入 COVID-19 分生檢驗，該防疫作為符合世界多數先進國家之檢測策略，並非僅是被動採檢。

我國於今（109）年 1 月 15 日公告將「嚴重特殊傳染性肺炎」列為第五類法定傳染病，並持續視國內外疫情、個案疫調結果及相關文獻資料修訂病例定義及通報條件，另於 4 月 1 日起放寬社區採檢條件，對於具有臨床症狀的病人，只要醫師認為有檢驗的必要，都可通報採檢，但截至目前國內採檢陽性率約 0.6%，遠低於其他國家；如針對無症狀社區民眾進行全面篩檢，可預期其篩檢陽性率極低，不符合篩檢成效。

　　依據約翰霍普金斯（John Hopkins）網站所摘錄世界衛生組織（WHO）今年 5 月 12 日建議各國政府解封（reopening）的前提是「連續 14 天 COVID-19 分生檢驗陽性率（test positive rate）<=5%」，意指有足夠檢驗量能把所有具感染風險個案（分母足夠）都包括進入檢驗，即檢驗陽性率夠低，足以有效偵測及發現確診個案。我國與澳洲、韓國等接近，皆為陽性率小於 1%，證實我國可明確偵測確診個案且囊括納入之檢驗條件具合理性。

　　近期許多研究結果均有共同結論，距離發病日達 10 天後，或無症狀者距第一次採檢陽性 10 天後，幾乎已無傳染力，我國自今年 3 月 19 日起，啟動入境旅客全面居家檢疫，對於入境者全面居家檢疫 14 天後，即使有極少數症狀前期個案或無症狀者個案未被發現，其傳染力已大幅降低或幾乎已無傳染力，造成社區傳播的風險極低。

4. 上文為衛生福利部疾病管制署在 2020 年 7 月 29 日所發佈的文章。根據該文章，討論以下問題，並在文章中圈出所對應的部分。
   (1) 該則文章的主要宣稱為何？
   (2) 該則文章中，用以支持其宣稱的理由為何？
   (3) 文中哪項陳述可做為資料？
   (4) 文中哪項陳述可能是反對主要宣稱的反駁與其理由？

5. 與其他人（小組）比較一下你們所圈選之處，你們是否同意彼此的圈選？相互討論與釐清不清楚之處或問題，以增進對科學論證架構的理解。

參考文獻

- Toulmin, S. E.（1958）. *The use of argument.* Cambridge, UK：Cambridge University.
- Toulmin, S. E.（2003）. *The uses of argument, updated ed.* Cambridge, UK：Cambridge University.

單元 5　複製寵物？

文／張欣怡

學習目標：應用科學論證與社會性科學議題推理來參與及評論社會大眾關心的議題或新聞、促進課綱核心素養之推理判斷、溝通表達與道德實踐與公民意識等面向。

教師引導：中需求

活動說明：練習科學論證與社會性科學議題推理。

活動時間：30～45分鐘

所需器材：紙、筆、電腦、網路

活動流程

1. 請先完成本篇單元 3 與單元 4 後再進行本單元。
2. 請閱讀以下文章，欲查詢原始文章及其出處可掃描 QR Code。

我們可以複製寵物狗，不過這是個好主意嗎？
MAR. 20 .2018 國家地理
NATIONAL GEOGRAPHIC

芭芭拉‧史翠珊的複製狗最近占盡版面。不過近十年來，這件事對肯花錢的族群而言已不再是遙不可及。

歌影雙棲的芭芭拉‧史翠珊（Barbara Streisand）一生向來鮮少願意退而求其次。而當她鍾愛的棉花面紗犬（Coton du Tulear）薩曼莎（Samantha）在去年以 14 歲高齡過世後，她便決定訂製薩曼莎的複製狗。

在《綜藝》（Variety）週刊的採訪中，史翠珊透漏她已用從薩曼莎口中與胃部採集的細胞，訂製了兩隻複製狗，分別稱作史嘉蕾小姐（Miss Scarlett）與紫羅蘭小姐（Miss Violet）。（可以從史翠珊的 Instagram 看到二犬的相片。）

《綜藝》引述了這位身為演藝指標的奧斯卡得獎者所言：「牠們倆的個性完全不同……我正等著看看牠們長大後是否會更像薩曼莎一些，好比說會有棕色的眼睛與嚴肅的個性。」

至於她為什麼，或在哪裡訂製這兩隻複製狗，史翠珊並沒有透漏太多細節，不過任何一位飼主要是手頭上有 10 萬美元，這也非難事。南韓的秀岩生物科技研究基金會（Sooam Biotech），或美國德州的 ViaGen 公司均提供這樣的高消費服務，但關於應該複製愛犬與否，人們依然爭論不休。

• 如何複製一隻狗？

想要製造一隻狗，還需要用上其他數隻狗來幫忙。

曾寫過複製狗相關書籍的約翰·伍斯坦迪克（John Woestendiek），在《科學人》（Scientific American）的採訪中解釋道：

「除了初始那隻狗的組織樣本，技術人員還要從發情的母狗身上採集一打或者更多卵子；接著利用電擊刺激融合好的細胞，誘使其分化；最後他們還需要一隻代理孕母犬來懷胎並產下狗寶寶。在這個過程中，捐卵者卵細胞原本的細胞核會被移除，接著注入複製目標動物的細胞核。」

不論是秀岩生物科技研究基金會或 ViaGen 的網站上都明確表示，他們的複製動物都是採用活體分娩。從注入胚胎到狗兒誕生大約需要 60 天的時間，有時還需要剖腹產手術。

• 牠們能有多像？

雖然複製動物與供核源有一模一樣的基因，不過在基因表現上可能有些許變化，例如色斑或眼睛的顏色。

從個性上來說，要是史翠珊的新寵物與原本的愛犬不同，這並不讓人感到意外。由於狗的個性受到從小生長環境的影響，因此這不太能經由實驗室複製出來。

● 牠們健康嗎？

美國食品藥品監督管理局（FDA）負責監測綿羊、山羊等複製動物。他們的官網指出，普遍來說複製動物都是健康的。然而狗因為有比較複雜的生殖系統，使得牠們相對難以複製。

當狗首次被複製出來時，科學家擔憂牠會比自然誕生的狗更快衰老。不過在絕大部分的例子中，牠們就跟一般動物同樣健康。

第一隻複製狗在 2005 誕生在南韓，那是一隻名為史納比（Snuppy）的阿富汗獵狗（Afghan Hound）。在史納比死於癌症之前，牠活了大約十年之久，而阿富汗獵犬的平均壽命為 11 年。

在 2015 年，科學家又進一步地用史納比的基因複製出三隻小狗。這篇研究論文發表在《自然》（Nature）期刊上，科學家宣稱這些小狗看起來健康又正常，並在未來幾年也將持續觀察牠們。

● 複製狗爭議何在？

不比農業動物，寵物複製更加無法可管。2005 年加州試圖通過禁止寵複製的法案，官方舉出健康疑慮，並擔心收容所將失去控制，因為飼主們轉而複製動物而非領養。這個法案最終被擋了下來。

由於缺乏管理，要得知每年有多少複製狗出生相當困難。有些動物保護團體，例如美國人道主義協會（The Humane Society of the United States）便反對複製寵物。

美國人道主義協會的動物研究議題專案經理維琪·卡崔娜克（Vicki Katrinak）說：「基於動物福利考量，美國人道主義協會反對任何出自商業取向的動物複製。那些提供寵物複製服務的公司藉由能完全複製心愛寵物的虛假承諾，從悲痛的寵物主人身上獲利。當世界上有百萬的貓狗值得且需要一個家，我們完全沒必要複製寵物。」

目前歐盟提出的監管評估也僅限於食品而已。截至截稿前我們聯繫不上秀岩生物科技研究基金會，而 ViaGen 公司則是拒絕評論。

3. 以下為應用「社會性科學議題推理」的六個面向而產生的問題。請討論與試著回答下列問題，來解析所閱讀的文章。可以為小組活動（3～4人為一組）進行討論以下問題。若覺得需要額外資訊才能回答以下問題，也可以上網查詢相關資料。

   (1) 對問題的理解：請用自己的話解釋有關複製寵物這個議題，目前有爭議之處為何。

   (2) 對問題複雜度的理解：你認為這個爭議目前很難達到共識嗎？為什麼目前很難達到共識（或是為什麼不難達到共識）？

   (3) 對方案的考慮：根據上述資訊，你認為政府是否應該有所作為？為什麼？可以有何作為？

   (4) 對多元觀點的認知：你認為有人會不同意你的解決方案嗎？您如何回應這些批評？

   (5) 指出需要進行調查之處：若你認為政府應有相關作為，政府在採取相關措施與最後決策前還需要什麼額外的信息嗎？

   (6) 理解可能的角色衝突：由生物科技公司所聘請的科學家與由動物保護團體所邀請的科學家，你覺得兩組科學家的說法可能會有何不同之處？

4. 接下來，應用「科學論證架構」，來形成你個人（或小組）對於複製寵物產業這個議題的主張。請討論與寫下你們的想法。

　　(1) 宣稱：對於複製寵物產業這個議題，我（們）認為…

　　(2) 理由：會有這樣的主張，是因為………………這個理由

　　(3) 證據：而這個理由，是基於…………（某項資料或事實）

5. 反思、評論與反駁：找與你（們）提出不同主張的個人（或小組），看看他（們）的主張，你要如何提出反駁？寫下你的反駁。

　　(1) 對於這個不同的主張，我（們）的反駁是…

　　(2) 這個反駁是因為…的理由，而這個理由是基於…（某項資料或事實）。

原來如此

「社會性科學議題推理」架構，可以幫助我們以多元的觀點、全盤的角度來理解一個議題以及與此議題相關的人物和他們的看法、並能幫助我們以科學的角度來反思目前該議題是否有足夠的科學基礎、或者是仍有許多需要調查之處。而在全面性地思考這些面向之後，便可以利用「科學論證」架構，來幫助我們產生自己的宣稱（主張）。與一般的辯論不同的是，符合科學論證的宣稱，是根據資料與證據來提出的喔！而非僅是個人的喜好。相較於依據個人喜好而產生的主張，基於證據而提出的主張，是較為有力、較能說服他人的主張。

NOTE

NOTE

NOTE

NOTE

書　　　名	輕課程 寓教於樂科學思路 從遊戲中培養科學思維與科學素養：含科學思路桌遊包
書　　　號	PN306
版　　　次	110年5月初版
編　著　者	張欣怡・劉玹伶・林君耀 陳馬克・王家琛・陳文輝
總　編　輯	張忠成
責 任 編 輯	稀奇文創・吳祈軒
校 對 次 數	6次
版 面 構 成	楊蕙慈
封 面 設 計	楊蕙慈
出　版　者	台科大圖書股份有限公司
門 市 地 址	24257新北市新莊區中正路649-8號8樓
電　　　話	02-2908-0313
傳　　　真	02-2908-0112
網　　　址	tkdbooks.com
電 子 郵 件	service@jyic.net

國家圖書館出版品預行編目(CIP)資料

輕課程 寓教於樂科學思路 從遊戲中培養科
學思維與科學素養：含科學思路桌遊包 /
張欣怡・劉玹伶・林君耀
陳馬克・王家琛・陳文輝 編著
-- 初版. -- 新北市：
台科大圖書股份有限公司, 2021.05
ISBN 978-986-523-244-3(平裝)
1.國民教育 2.科技素養 3.公民教育
526.8　　　　　　　　　　110006855

版權宣告　**有著作權　侵害必究**

本書受著作權法保護。未經本公司事前書面授權，不得以任何方式（包括儲存於資料庫或任何存取系統內）作全部或局部之翻印、仿製或轉載。

書內圖片、資料的來源已盡查明之責，若有疏漏致著作權遭侵犯，我們在此致歉，並請有關人士致函本公司，我們將作出適當的修訂和安排。

郵 購 帳 號	19133960
戶　　　名	台科大圖書股份有限公司
	※郵撥訂購未滿1500元者,請付郵資,本島地區100元 / 外島地區200元
客 服 專 線	0800-000-599
網 路 購 書	PChome商店街　JY國際學院 博客來網路書店　台科大圖書專區
各服務中心	總　　公　　司　02-2908-5945　　台中服務中心　04-2263-5882 台北服務中心　02-2908-5945　　高雄服務中心　07-555-7947

線上讀者回函
歡迎給予鼓勵及建議
tkdbooks.com/PN306